做寻常人，养平常心

安忆 编著

中国华侨出版社

图书在版编目(CIP)数据

做寻常人,养平常心 / 安忆编著.—北京:
中国华侨出版社,2012.5(2015.7 重印)

ISBN 978-7-5113-2295-1-01

Ⅰ.①做… Ⅱ.①安… Ⅲ.①人生哲学–通俗读物

Ⅳ.①B821-49

中国版本图书馆 CIP 数据核字(2012)第 063206 号

做寻常人,养平常心

编　　著 / 安　忆
责任编辑 / 梁　谋
责任校对 / 孙　丽
经　　销 / 新华书店
开　　本 / 787×1092 毫米　1/16 开　印张/17　字数/248 千字
印　　刷 / 北京建泰印刷有限公司
版　　次 / 2012 年 6 月第 1 版　2015 年 7 月第 2 次印刷
书　　号 / ISBN 978-7-5113-2295-1-01
定　　价 / 30.80 元

中国华侨出版社　北京市朝阳区静安里 26 号通成达大厦 3 层　邮编:100028
法律顾问:陈鹰律师事务所
编辑部:(010)64443056　　64443979
发行部:(010)64443051　　传真:(010)64439708
网址:www.oveaschin.com
E-mail:oveaschin@sina.com

前 言
QIANYAN

　　快！快！快！这就是我们大部分人每天的生活节奏。在这种快餐式的生活中，我们可能已经习惯于急急匆匆，忙忙碌碌。是否该暂时停下来想想：我们如此奔波是为了什么？是不是每天都在为生活所累？你还能感受到幸福和快乐吗？

　　如果对于以上问题难做判断，请调整一下心态，或许正是烦乱、毛躁、不踏实的心境影响了自己。心情、心态是我们面对问题、面对生活、面对人、面对世界时，影响我们最重要的因素。良好的心态使我们的眼前充满阳光，糟劣的心情使我们眼前一片灰色甚至是黑暗。而事情还是那个事情、环境还是那个环境，只是看待的心境不同罢了。由此看来，在我们面对事情、面对他人，在我们要处理事情，与他人相处时，都应当先调整好自己的心态，这会影响自己的感受和事情的结果。面对如此纷繁复杂的社会，面对时而狂风暴雨，时而静寂如夜的环境，我们要如何去应对？在本书中你会找到答案，那就是：做寻常人，养平常心。

　　拥有一颗平常心，就要懂得舍得之道，懂得放空其实会收获、少计较才会收获更多、给予可以收获富足，就会更加懂得自己的当下与未来需要什么。就会合理地处置人情世故，就会避免不必要的冲突、纷争，就能够在职场中更加从容、自然、自在。在职场中，拥有一颗平常心就会懂得如何与同事相处，懂得工作为个人带来什么，从而合理地规划自己的职业生涯。

1

做一个寻常人，你就会了解退一步海阔天空的含义，了解低头其实是抬头，后退是为了更好地进步，明白不争而为争的道理，知道生活是本、财富是末，你就不会在追名逐利中失去自我。无论你身居何位，无论你拥有什么样的财富，生活总是平常的。生活就像是一溪静静流淌的河水，需要你静心去体味。因此，拥有一颗平常心才能做一个懂得生活的寻常人，寻常人才拥有大智慧。

善恶充斥于世间，倘若每个人都抱有一颗平常心，就会使善行更多。恩恩怨怨何时了，拥有一颗平常心你就会知道如何放宽心胸，你就会学会自我反省而非怨念他人，知道珍惜眼前而非自怨自艾，最后你会绕过愤怒的拐角走上快乐的大道。

其实，快乐总是在我们身边，只是我们会因为自己的心境不同无法感受到。当你用一份乐观、开心的心情去看世界时，就能够感受到鸟语花香，就能够感觉到阳光的温暖、空气的清新；当你用晦暗、郁闷的心境面对世界时，就会觉得到处污秽不堪，鸟儿的鸣叫也是噪声，太阳光也变得那么地刺眼。因此，我们是多么需要以一颗平常之心来面对我们生活的这个世界。有了这种安然的心境，就能够找到生活中原本存在的乐趣；拥有一颗平常心，就会感觉到世界本有的美妙。

生活中充满着五味杂陈，平平淡淡才是生活，因此我们也要以这种平常心来体味生活。相信在阅读完本书后，你不仅会对平常心有所体悟，更可以这种心态来重新审视生活，顺其自然，快乐、率性地生活，活出真正的自我，感悟生活给予我们的美好！

目 录

MULU

第6章　成败平常心
——人生没有绝对的输赢

第7章　是非平常心
——口称是非者,必是是非人

第8章　褒贬平常心
——受人褒扬不自大,受人轻贬不自贱

第 11 章　顺逆平常心
——顺时不忘形，逆时不言弃

第 12 章　悲喜平常心
——不为外物悲喜，不因琐事乱心

第 13 章　真爱平常心
——没那么复杂，只需用心对待

第14章　生活平常心
——谢绝轰轰烈烈，人生至味是平淡

第1章

得失平常心

—— 有得必有失，有舍方有得

给予之后会收获内心的富足，给予之后会赢得更大的成功，这就是舍得付出与回报。时刻知道自己所求为何，就能够很好地把握住这种舍得之度，就能正确地进行取舍。

放空才能得，得失一念间

学会放空自己的心灵，或许在你放空的那一瞬间，就会改变自己之前的想法、观念，从而避免不必要的纷争、麻烦。

变数是人生历程中不可或缺的因素，一些你已经得到的不见得永远都归属于你，从这个角度来讲，用淡泊的心态去看待事物，学会在淡泊中放下你该放下的部分，学会放下实际是一种睿智的表现。学会放下，并非是一种随意舍弃的态度，而是一切随缘，一切莫强求，让这种放下带给你更多的人生光彩、带给你更幸福的生活。

放下，是一门心灵的学问；放下，是一种选择的心态；放下，是一种智慧生活的表现。当我们放下自卑，就会获得自信；当我们放下犹豫，就会获得洒脱；当我们放下压力，就会获得自在；当我们放下懒惰，就会获得充实；当我们放下抱怨，就会获得欢乐；当我们放下狭隘，就会获得宽容；当我们放下烦恼，就会获得快乐；当我们放下消极，就会获得进步……当你懂得该放下时就放下，就会发现人生其实有些事情或东西是根本没必要让它存在的，与此同时你才能够腾出手来，抓住真正属于自己的快乐和幸福。

干大事者不拘小节，一事当前，敢于担当，为人处世光明磊落，该放手时就放下，这就是君子；患得患失，拘泥成规，畏首畏尾，执著于私利，既"拿"不起，也"放"不下，此为小人之举。正如常说的："君子坦荡荡，小人长戚戚。"面对人世纷杂，把什么都抓在手里，往往会陷于尘世庶务，名利地位,私心杂念,声色犬马……如此带来种种负累,因此该放下的就得放下。自古至今,不少功成名就之人,或甘于淡泊,或捐资济世,他们都有共通之处——勇于并舍得"放下"。这对于出入于世的我们是种本领。事物总有两面性,当你放下的同时,已经获得了意外的收获。甚至很多时候,这种无形的收获,会给你带去更高层次的、隽永的幸福,并使你的人性趋于完美,使你的人格得以提升。

相信大家都听说过自寻烦恼吧?其实,诸般愁苦或许就是因为我们的放不下而造成的。或许我们都或多或少做过一些无聊的事,虽然知道是无意义的,却还是很笨拙地去做。收入增加了,但欢乐却慢慢减少了;生活的物质条件改善了,但压力的增加使得愁苦也随之加大……人生为何感觉苦?为何人们放不下呢?其实,大家都需要豁达之心,唯有如此才能使我们产生放下的念头。当然,心态的调整是需要学习的,需要调整的,需要我们懂得有些事根本不值得我们惦记。

在一个课程上,讲师提出了一个问题,同时给学生们做了一个示范。讲师举起手中的玻璃杯,问课堂中的同学们:"请估量一下,我手中的这杯水有多重?"顿时,课堂变得热闹起来,学生们纷纷议论,范围由 20 克到 500 克不等,答案不一。

讲师对同学们说:"大家可能忽略了一个条件——时间。同样是一杯水,当你拿着水杯的时间长短不一时,就会感受不同的重量。当你持重一分钟,一点感觉也没有;当你持重一小时,手臂就会感觉酸痛难忍了;当你持重 24 小时,估计就得打电话叫救护车了。也就是说,重量不变,但是持重时间不同,自我感受就会各异,手中对象的重量就会大相径庭。"

接下来,讲师开始步入正题:人的情绪和玻璃杯里的水差不多。"很多时候,我们背负的重担的重量是一样的,只是会因为背负的时间变长而自我感受担子也会变得愈来愈重，甚或到重得负担不起来的程度。所以，我们应当时不时地放下玻璃杯、放下压力，休息一下，当你再次担起时或许就不会感到那么沉重了。这种定期把担子放下，休息、调整一下，对于自己来说，是很有益处的。想放下担子，其实也很简单。比如下班后回家，就要学会在踏入家门时，迅速放下各种担子，莫要带着重担回家，否则就会无间断地背负压力。这种负担、压力在脑海中积存时间愈长，造成的伤害就愈大。因此，只有学会放下担子抖擞精神，这样才能更加健康快乐。"

对于一些看似有用却不能令人再进步的东西，是最需要我们学会放下的。人生在世，唯有学会放下这些，才能在不断放下中，得到自我的发展，才能攀登人生的另一高峰。人们常说"鱼和熊掌不可兼得"，其实在生活中我们就不断地在为了熊掌，而放下我们手中的鱼。比如，为了崇高的真理，我们可以放下利禄乃至生命；为了事业的功成名就，我们需要放下消遣娱乐的活动；为了纯洁的爱情，我们必须摒弃金钱的物质充斥……我们总是在取舍中选择着，要想有所成就，就要懂得保留生命中最纯粹、最有价值、最必要的部分，并要学会放下不必要的负累和牵挂，轻装上阵。

在人生的道路上，要想迈步远行，就要像法国哲学家伏尔泰所说的那样："使人疲惫的不是远方的高山，而是鞋里的一粒沙子。"我们必须学会随时倒出"鞋里"这粒"沙子"。换言之，这小小的"沙粒"也就是我们需要放下的东西。为了不失去更珍贵的东西，我们就要努力不成为什么也不愿放下的人。正所谓"柳暗花明又一村"，当你放下一些东西时，或许就会看到蔚蓝的天空，或许就能闻到芳草的清香，或许就能感到阳光的温暖，或许就能听到动人的音乐……并且，当你决定放下的时刻，其实也就是找回了自己，找回了快乐的时刻。

需要明确的是放下与放弃不同，这是一种人生哲学，应当树立积极的人生态度，学会一种生活的智慧。要想成为不同于他人的更大的赢家，就要学会放下，学会解脱，学会在人生前行的路上坦然面对。

知易行难。其实很多人都知道要学会放下，只是真正实践起来并非易事。活在当下，我们在生活中常听到这样的话语，然而在现实生活中，我们却又自然不自然地活在过去或者活在将来。过去的东西就会成为现在和未来的绊脚石；将来的憧憬过多或许也是我们当下举步不前的障碍。然而，如果不会放下，就不会承担，不会放下，就难有现在。

对于过去和现在，我们要以正确的态度去认识、去看待。那么，首先就是要学会"允许"。反观过去，我们总是有存在悔恨的事情，应当正视这些，应当允许过去的个人或他人错误的发生。现在看来悔恨的事情，往往是觉得当时不该做出这样的选择，其实在当时，我们已经做了最好的选择。殊不知，在过去的那个"当下"，我们是没有错误的。在现在这个"当下"看来不该那么做，那是目前所处环境的变化造成的，用现在的角度和情况来看待过去的经历，必然会存在不同的结果。所以，这里所说的"允许"其实是一种认可，是一种包容，既是包容自己，也是包容他人。而在这种允许当中，我们才能让自己释怀，才能不耿耿于怀。才能使自己获得释然，拥有快乐人生，也能给别人带去快乐。

建功立业难,得失平常心更难

放下失败,抓住成功,"拥有"很平常,"失去"也很正常。为了让生命重放光彩,请以一颗淡泊名利得失的平常心,笑看输赢成败吧。

名利、输赢、愤怒……是我们在忙忙碌碌的现实生活中总能遇到的困扰,对于这些我们要学会用平常心去看待,莫要因为一次的得失而否定彩虹的存在,莫要因为人生中的一次没落而从此一蹶不振,要知道该如何享受平安快乐的人生,要笑着面对人生的成败得失。任何道路都非平坦,人生的路更是如此,起起伏伏、高高低低那是自然之事,不可能永远顺利。起起落落那是必然,其实很多时候失去也未必是坏事,正所谓祸兮福所倚。今天的得,或许就来自于昨天的失。条条大路通罗马,路有多条就在于自己去发现,去尝试着走,不要放弃希望是关键,拐个弯或许就是美好的天空。懂得如何"灵活换位",做人要懂得变通,每做一件事,首先是要自己尽心尽力,即使最终的结果不尽如人意,却也无须怨天尤人,人生最重要的是无怨无悔。过程和结果,我们往往会把结果视为终极目标,但也别忘记在过程中我们得到的成长与收获。成功是不会只建立于一条路上的,要知道转弯。

不要过分关注自己所没有的东西,这往往就是自己不开心的根源,多想想自己已经拥有的。如果一味地轻视乃至忽视自己拥有的,埋怨自己为什么没有这也没有那,就只能生活在不悦之中。能够将遇到的各种各样的不幸化解掉而不存于心中的人，往往会是快乐萦绕其身；总是将烦闷装在心里而不懂得排解的人，往往会使阴郁缠绕其身。其实，这完全掌控于自己手中，是欢乐还是悲苦全然在于自己。一个笑看得失的人，常常是懂得快乐的人，而快乐就是满意自己已经拥有的一切；一个懂得取舍的人，不把成功建立在别人的失意上，但却总是深信自己能实现梦想，他们会在自己的成功中追求卓越；一个能够笑看输赢的人，总是不求名、不求利、不求回报的非常乐意地去帮助他人。这样的人，往往是发自内心地去献出自己的东西，而奉献出的东西也往往产生于内心深处。他就像自己的一家能源工厂，源源不断地提供给自己最大的能量，生产力很高，也让周围人感动，因为一切都是来自于真情实感。他们常常以一颗平常心对待得失，以一颗宁静心品味生活，以一颗感恩心笑看成败，以一颗顽强而坚定的心去直面挫折。凡事千万莫强求，过去不代表现在，现在也不代表未来，我们并非无欲无求，但要适时地淡泊名利。

我们在日常生活中，要以平常心去处理周围的事情，能够"不以物喜，不以己悲"，当然这需要岁月的磨炼方可修养而成，并非一蹴而就之事。明志、宁静以致远；以宽容、平和的心态来看待世间种种成败、得失、荣辱、生死；以从容、平静、安详来对待形形色色的事物，用平常心看不平常事。应当把这些看成是自己的目标，不断趋近，终会真正拥有一颗平常心，去笑看人生的。

在春风得意时，淡然相待；在失意时，坦然正视。这就是平常心。对自己我们应当有一个正确的认识，不为别人的几句赞美之词就飘飘欲仙，忘乎所以；也不为前进道路上的挫折困难而心情一落千丈，意气消沉。生活大多是平平淡淡，正所谓平平淡淡才是真。平淡并不意味着乏味无趣，正相反，我们要能够安然地享受这份平淡，同时要善于在平淡中追求志向，在平淡

中寻找乐趣，要在平淡中彰显出自己的兴致而非淹没，要在平淡中坚定自己的信念而非消磨。人生只有一次，切莫今日如昨日，明日如今日，枯燥乏味地重复着同样的生活，否则就难免会丧失自己的意志、斗志。

不急不躁，不怨天尤人，冷静、客观面对，从容应对，妥善、圆满地去解决遇到的种种问题。宠辱不惊，平和、宁静地对人、对事、对物、对情，超越人世间的生死、得失、荣辱、成败。用恬静之心去珍惜、品味生活中的酸甜苦辣，在不断进取中，快乐度过一生。

在物质世界中，我们难免面对人世间名利的得失，难免处于众多利益纠葛和名利纷争之中，因此就存在是以平常心淡然处之，还是梦回无数、念念不忘地纠缠不放，选取何种方式其实是对一个人思想境界高低的检验。要经受得起这种检验，就要不以物喜，不以己悲，遇危难不惧，得誉不惊，泰然地修炼，使自己拥有大智慧——心静如水。超然的气度与风骨是一般人望尘莫及的，恬淡洒脱，气定神闲的心态是需要磨砺的。平常心是一种崇高的精神境界，但也并非遥不可及，只要我们有心趋之于此就好。

尤利乌斯是德国著名画家，观赏他的画作会使人进入快乐的世界，因为他自己就是一个非常快乐的人。但是这位能给别人带去快乐的人也有自己的痛苦，因为他的画作少有人来买，这不免使他有些伤感。一次，一位朋友劝他说："告诉你个好玩儿的，只花两个马克就可以赢很多钱！玩玩足球彩票吧！"尤利乌斯本身性格随和，于是就花了两个马克买了一张彩票，幸运的是还真的中了彩，赚了 50 万马克。

朋友得知此讯，前来祝贺，对他说："你运气还真是好！如今你还经常画画吗？"尤利乌斯笑着答道："我现在只画支票上的数字！"尤利乌斯本就是个有品位的人，他买了一栋别墅并作了一番装修，佛罗伦斯小桌、迈森瓷器、阿富汗地毯、维也纳柜橱，还有古老的威尼斯吊灯……在这些饰物的装扮下,这栋别墅更显品位。待陆陆续续装修完毕之后,尤利乌斯点燃一支香烟,很满足地坐下来,静静地享受着新居的美妙。忽然他想到应该去看看朋友了,于是扔了香烟,夺门而出。燃烧着的香烟点燃了华丽的阿富汗地毯,点燃了一切……美丽的别墅霎时间变成了火的海洋,精心布置的一切瞬间完全消失在灰烬中。尤利乌斯的朋友们闻讯,前来安抚、安慰他:"尤利乌斯,真是不幸啊!"哪知,尤利乌斯反问他们说:"何来的不幸?"朋友们疑惑地说道:"大火造成的损失啊! 你现在什么都没有了。"尤利乌斯笑答:"什么呀?不过是损失了两个马克而已。"

获得与失去,并非我们一己之力所能决定,若能拥有宠辱不惊的胸怀以平常心淡然处之,常怀感恩之心、常存知足之念,这人世间让人畏惧的因素就会减少很多;为名所累、为利所缚、为欲所惑就会失去很多。从某种意义上讲,排除烦恼与恐惧的制胜法宝就是这种平常心,这种平常心中蕴涵着难以看破的大智慧,是历经繁华之后的淡泊超脱,是一种良好的人生态度。"祸兮福之所倚,福兮祸之所伏"是老子的名言,它是在告诉我们看起来坏的事,或许在事情进展和变化中就会转变为出乎人意料的好事;同时,一些明明的好事也可能在变化中成为坏事。人生之事总存在着千变万化,因此,相互转化、变更也是自然之事。

幸福不是获得的多，而是计较的少

因过多的贪婪而迷失了自己的真性，因过多的贪婪而丧失了原本属于你的幸福，因过多的贪婪使你失去了快乐。这多不值，用平常心找回自我吧。

人生如水，因此我们要学会蜿蜒曲折，和谐相容，人生中的幸福并非是拥有得很多，而是不要因贪婪而迷失了自己的真性，从而失去生命的快乐与幸福。学会像水一样去适应环境，因为我们总是要处于一种"我改变不了的环境之中"，我们可以改变的是自己的心境。能够坦然接受生活的考验，调整好自己的心态，最终使我们拥有一个美好的人生。下边有这样一个例子，读后可能会给你一些启示：

小李前段时间装修新房，在装修工作进入尾声的那天下午，随着一声"全部都好了"的话语，小李兴高采烈地进到了自己即将要入住的新房。正当小李兴致勃勃地欣赏着自己的新房时，突然间发现厨房水槽下的那个旧水泵，在经过粉刷后的墙面衬托下，锈迹斑驳的水泵很是显得异常刺眼。

但是，这旧水泵并不属于师傅的工作范围，于是小李就和母亲商量，干脆自己干。向师傅借一些油漆，将水泵外壳涂上漆，以免那么显眼。好心的师傅一听要借油漆，于是热心地从他家中赶过来，并愿意帮忙处理。

就在师傅打算动手开工时，母亲与他闲聊起来："这个水泵是做什么用的?""早就坏了，没用。""啊?还插电吗?""线路都拔掉了!""那干脆整个拔掉?也就不用油漆了。"大家面面相觑，现场一片默然。

"对啊，不要漆啦，拿工具我给它拆了便是。"就这样师傅三下五除二地就去掉了旧泵。

看着此情此景，小李突然在想:人心也是如此，当除去了格格不入的旧物，整个都会不同了。

人们灵魂深处，往往都存在着这样的一个废弃水泵。它或许是我们曾经遭遇过的挫折与伤害;或许是我们年少时错爱的一个人;或许是我们习以为常的偏见与固执。其实，我们可以想想内心到底有多少东西，而这其中又有多少是我们错误地摆置并错误地认为无法挪移呢?

移走你心中的"旧水泵"，勇敢地放下是一种智慧更是一种幸福，给自己一些这样的勇气才能去除你寻找幸福的障碍。

如果我们只是埋头苦干，只是为了忙碌而忙碌着，而不去洞悉自己心灵深处的欲望，那或许就会品尝到成功了反而感到失落的滋味。人生其实就是通过不懈地努力让生命更加圆满的过程，人生就是一个奋斗的历程，我们要有随时准备放弃的心理，而非什么事情都一定要争取到手。在很多时候，要想继续前进，就要放弃那些于我们的人生无益的东西。倘若我们总是固守着已经获得的功名利禄;倘若我们永远都只是为权钱职位、风头利益而钩心斗角，那就会使太多的时间和精力在不知不觉中被耗费，那样的话，不管什么样的生活方式都会让我们气喘吁吁的。这样，不仅我们自己会迷失方向，还会使正常的发展受到限制。

人生就是一个不断选择与放弃的过程。我们无法得到自己所希望的任何东西，因为获取是需要众多条件的，那么放弃，在很大程度上就是一种必然了。其实，当我们放下自己应该放下的东西时，身上的包袱就会

变轻许多，自己也就能更加轻松愉快地走自己的路，也就会增加许多人生旅行的快乐了。应当树立这样的观念：幸福不是获得的多，而是因为计较的少！

要想拥有富足的心态，就要懂得舍予

大彻大悟的人却会在舍得之间心静如水，淡泊和欢乐唯有在我们拥有舍得的智慧时才能获得。舍得给予了我们一种富足的心态。

索取与给予，我们很多时候，可能更关注索取与获得，往往忘却索取获得后的回归，既然得到了，就要记得舍，也就是舍给——舍得给予与回馈。满招损，谦受益，月盈则亏是哲理的智慧，大境界，大智慧就是全身而退的自我保护。在大智慧中，就会明白舍得抛物线，就会理解起点、低谷、蛹动螺旋规律的发展规律，就会不为舍予而感到不甘愿。智者，愚者，都有舍得的取舍，舍得不是简单的放下那么简单，人生充满着抉择的扭转与突破。在舍得间我们才会深深地体会到真愚与真智。

索取并不意味着快乐，有人终日不快乐，其中的原因或许就是只想着怎样从别人那里去索取。而在这种索取当中，就会无形地背负上压力，他们往往会在付出劳动时，就立刻想得到回报，也因此会在达不到预期目标时耿耿于怀。在这些人眼中，无偿给予是傻瓜才干的事情。而其实，怀着这种"傻瓜心态"，才是在淡泊名利中行事，才会不断地收获快乐的心情，才会适时地收获有利益的回报。

工作,是人生中不可或缺的组成部分,在职场行走的人,与同事相处是再寻常不过的事了。当同事有困难的时候,你能主动提供帮助,对方一定非常感激。在感激中,你会从中获得一种荣誉感和满足感,同时带给你快乐。相互之下,当你遇到困难时,同事也会乐意为你排忧解难。倘若,我们总是算计着如何从同事身上得到什么利益,久而久之就会引起同事的反感,也就会造成同事找借口躲你远远的后果。

职场中的另一种关系就是员工与老板。不应存有老板就是剥削员工的先入为主观念,对于延长工作时间、加班等工作状况也应有正确的认识。首先,对于自己的工作应该有责任感、使命感,应该本着以做成、做好事情为目的,而不是简单地仅仅为了薪水。一份付出就有一份回报,相较于其他同事的"多",不仅是自己劳动付出的多,更多的是自己收获的多。其次,一位英明的老板,会对你的表现做出正确的判断,你的这份忠诚和奉献精神会得到老板的赏识,而这或许就是日后加薪晋升的因素。主动牺牲个人时间,而不是被动接受,不仅会使你在工作中更加积极,而且老板也会因为你的这份积极而更加欣赏、重用、信任于你。

试想,我们在天桥或是地下过道里,对卖艺者、乞讨者给予零钱,在给的时候你不会指望对方给你什么回报吧。但是,你却收获到了快乐。对于那些卖艺者来说,你给予了他尊重和肯定;对于乞讨者,你给予了他温暖和关爱。那些自发地参加慈善活动,主动地为需要帮助的人提供帮助,他们会在给予中感受到心理压力的释放,感受到快乐。人世间的东西,没有永远的主人,没有固定的主人。舍与得,需要大智慧感悟人生真谛。人们常说以史为鉴,历史中还真的有不少贪财、贪权、贪色之人,这些人可能会在一时得到很多,但是最终都没什么好结果,有的甚至会因为不想舍,不想给予,而丧

失人身自由，或者性命堪忧。"舍得"，要有"得"，首先要有"舍"才行，不"舍"哪来的长久的"得"？舍是一种本领，一种态度，一种境界。虽然这道理看似简单，可是很多时候这种人生哲学不是所有人都能领悟到，更不会是所有人都会实践的了。舍在前，得在后，舍得舍得，先舍后得，其实"舍"与"得"是一个事物的两个方面。不管是哪一种方式的施与，要懂得一个人只有施与才能获得，这就是"舍得"的真意。舍得之间暗藏玄妙，意境很深，能"舍"方能"得"，而这种"得"更多的就是境界的升华、精神的丰润。一个人的富足，并不是拥有很多财富，更多的是他给予他人的多少。一个穷人把讨来的饭让给同伴，这种简单的给予就是一种快乐，这种简单的给予就是一种财富的表现。相较之下，巴尔扎克笔下穷得只剩下金子的葛朗台，失去了人世间的亲情和一切，那才是真正的贫穷，才是真正的可怜。懂得舍得，才能享受到舍得的丰富的人生。

明白自己想要什么

积极主动的人生态度和生存方式之一，就是要知道自己想要什么，就是要清楚地知道自己已经经过何处，并且今后会去往何方。这样明明白白地度过一生，才不会留下遗憾，才会不枉此生，生命才有意义。

大部分人不知道自己的生活意义，很多人都不知道自己到底想要什么，不了解自己能够做什么。或许他们会野心勃勃地开始，但没过多久就变得沮丧和颓废，甚至默然不知所措。我们很多人每天忙碌于工作只不过是为了金钱与成就而已，但若仅仅以此为目的，就会在达成这个目标后，发现一切尽属虚空。

曾面试过 7.5 万名应聘者的索柯尼石油公司人事经理保罗·波恩顿，回忆其 20 年的工作经历时，他这样总结年轻人求职时，最容易犯的错误。"年轻人往往不知道自己想要什么！这很是令人惊诧不已，很难想象一个人花在影响自己未来命运的工作选择的精力，会少于购买一件穿了一年就可能扔掉的衣服上的心思。要知道这份工作往往会是此人未来幸福和富足的基础与依赖。"

如果没有清楚的认识与看法，我们就无法正确地生活，就不知道自己为何活着，就会感受到自己付出沉重却只有微不足道的利益所得。能维持符合自己身份的金钱，有一份理想的工作，拥有带给自己快乐和满足的社交以及心灵的提升与美感……这些看似理想化的东西，并非可望而不可即，只是需要你自己先要想明白，懂得如何去追求。也就是生活有明确的目标，工作有明显的意图，为着自己想要的东西而努力，围绕着自己想要的目标而奋斗。

就上班族而言，大致可以划分为以下几类：消极怠工型，也就是我们常说的混日子，这类型的人往往不在乎想要什么；被动算盘珠型，就是一切以领导的意志为导向，一切以完成被安排的工作为满足；自主积极型，即对工作有很强的自主性和目的性，这类型的人明确知道自己想要什么，他们能够很好地将工作作为服务于自己目标的工具，并且能很好地按照自己的想法完成工作。

很多人或许都能归属于第二类，因为很多人都在自觉不自觉地做着打工者的工作；而少数的第一类人，则总是徘徊于淘汰的边缘；至于第三类人，

往往就是卓越者了，他们按照自己的目标成为领导，抑或者在雇主与雇员之间成为主动者。不用多言，第三种人的工作方式毫无疑问是最有意思的。这并不代表他们在实现自己想要的东西时不会失去什么，与此相反，他们必然也会在过程中有得有失，有成功有挫折，然而在其工作充实的同时，最终会有所收获，最终会得到个人自我的愿望实现。其实，这种人并不陌生，就是我们常提到的"有想法的人"。

说到这里，你或许也想成为这种"有想法的人"？那么，怎样才可以做一个知道自己想要什么的人，怎样才可以做一个有想法的人？从大的方面来说，首先要给自己一个明确的定位，想达到什么成就或地位，想成为什么样的人，从这些出发应该做些什么事；从具体的层面而言，每做一件事情，都要问自己一遍：为什么要做，做这件事情能够达成什么目标，怎么做才能实现目标，才能使这件事情的完成更有意义。

总之，不要以他人的意志左右自己，应学会独立思考，事情无论大小，都应有自己的判断，我们虽然难免会做出错误的判断，但检验错误的过程同样重要，从某种程度来说，错误是我们收获的巨大源泉。

进退平常心
——能进能退，乃真正「法器」

退中有进，进中含退，进和退如阴阳之行，进时当思退，退时当想进。我们不能一味地高歌猛进，我们亦不能畏怯地一退到底。要为自己想一想退步的余地，要为自己的进步想想适当的途径。若要进退自如，还是要想想这平常心，以它来把握尺度或许会清晰、明了许多。

退一步海阔天空，让三分心轻意爽

> 胆怯、无能、懦弱似乎常常与退让相关联，其实真正能做到海阔天空的退让是一种坦然和释怀。处世之中，学会退让往往使你迎来更广阔的天空。

"退一步海阔天空，忍一时风平浪静。"这是我们所熟知的话语，对于非原则性问题，我们大可以宽容之心对待他人之过，进而起到化干戈为玉帛的喜悦。在物质利益上，在他人缺点、过失上，我们除了在必要时指正外，更多的是能以博大的胸怀去宽容别人。其实，在你宽怀的同时也就使自己的精神世界变得更加精彩。

人与人之间不肯退让，是矛盾产生、悲剧发生的根源。很多人与人之间的矛盾，其实大部分都是"小事"，然而正是这种小事上的不让步，最终也会酿成"生死攸关"的大事。要知道很多细枝末节的琐事，都有可能成为大事发生的导火索。多设身处地地为他人想想，每个人都有优点与缺点，如果换成我是他，会如何如何。这样一来，很多看不惯、想不通的地方或许就能理解，就能改变，就会忍一忍、让一让了。

阿里是位著名作家，一次他和两位朋友一起去旅行。当三人行至一座山谷时，其中一位叫马克的朋友失足滑落，幸运的是另一个朋友雅吉拼命地拉住了马克，才避免了悲剧的发生。马克很感激雅吉，于是在附

第2章 进退平常心
——能进能退，乃真正"法器"

近的大石头上刻了："雅吉救了马克一命，某年某月某日。"此后三人继续前行，当来到一处河边时，马克和雅吉为一件小事而争吵起来，在盛怒之下雅吉打了马克一个耳光，马克于是在附近的沙滩上写道："某年某月某日，雅吉打了马克一个耳光。"

当三人旅行回来后，阿里很是好奇地问马克："为什么你要把救命的事刻在石头上，把挨打的事留在沙地上？"马克回答："雅吉打我的事要随着沙滩上字迹的消失，忘得一干二净，而他对我的救命之恩，我是要永远铭记在心的。"

事实上，怀旧是人之常理，任何人都不会把过去的记忆完全抹掉，而且人们往往还会对小事情深感怀念，甚至终生难忘。在上述的故事中，体现出一种人生智慧：为人处世不要计较太多，要心胸豁达，要在生活中学会宽容过错，忘记旧恶。《菜根谭》有语云："人情反复，世路崎岖。行不去处，须知退一步之法；行得去处，务需让三分之功。"其含义就是：人生之路崎岖不平，世间人情冷暖也变化无常，不如意的事情常伴我们左右，因此前路行不通、遇到困难时，要审时度势，明白退一步的为人之道；即使当下没什么阻碍，事业和生活都处在顺境中，也应随时保持让人三分的胸襟和美德，切莫得意忘形。懂得退、知道让，是非凡气度和成熟思想的表现。

在人与人之间的交往中，在生活中，我们应不断反省自己、提升自己，学会退让，这是一种可取、可贵的人生态度。我们的生活环境不同，在不同场合交往或接触时，与家人、朋友、同事，甚至路人都难免产生意见相左的情况，只要不是原则性的问题，在面对矛盾时，我们要是能宽以待人，少一点计较得失，主动退让一步，就会减少矛盾，于人于己，都有益身心，人际关系也会和谐很多。我们的社会正是在这种退让中，才能使各民族和家庭关系保持稳定，才能维持人际关系更加和谐地发展。

要想让生命多一份空间和爱心,让心灵多一份温暖和阳光,我们在生活中就要多一点退让,这也会使我们前行的道路更加宽坦。仔细观察就会发现,能够在生活中自如退让的人,往往是能高瞻远瞩,俯视尘世,静享清明世界者。熟悉中国历史的人,可能听过仁义巷的故事。

明朝太傅郭朴郭阁老的祖宅就坐落于仁义巷。早年间,郭家邻居王三成在建造自己的房屋时,挤占了郭家一墙之地。郭家人自然不满,于是和王家理论,后来理论成了争斗,一来二去的矛盾也就不断升级,双方各不相让。郭家见事态愈演愈烈,于是派人到京城将此情境告诉给了郭朴,并希望自家的这位大官能出面为家人"撑腰打气"。

郭阁老得知事情原委之后,心里已经明白了八九分,于是叫人润墨,写了一封回信,叫来人捎回家中。

郭夫人见有回信,想着终于有了支持,心中甚是欢喜,于是忙拆开信件仔细察看,信的内容是四句诗:"千里捎书仅为墙,让他三尺又何妨。万里长城今犹在,不见当年秦始皇。"

读罢信后,郭夫人很是感慨,正所谓"宰相肚里能撑船"啊!于是,就让给了王三成三尺宽的地方。

王家见郭家不和自己争执,很是感动,心想人家郭朴在京城做大官,权高势重,还给咱一让再让,于是王三成也反省自己不该占人家地方,主动把自己的墙拆了,往后退了三尺。

最终,两家你让我,我也让你,竟然让出一条街道来。而这条街道就是源于郭阁老的一封寥寥数语的书信。后来,人们为了感念郭阁老义让宅基的品行,便把这条让出来的小巷取名为仁义巷。

纷繁复杂的社会,有的地方隐藏着暗礁,有的地方弥漫着迷雾,有时波涛汹涌,有时风平浪静。人生在世,就像是大海中的一叶小舟,面对着浩瀚的海洋，不会审时度势，不懂得进退之理，怎能到达光辉的彼岸？倘若一味地冲杀，不知退让，就会使自己的目标迟迟难以实现，耽误行程。蔺相如要维护赵国的利益，不辱使命，不畏秦国。因此，当廉颇与他争锋，他很清楚这种将相失和会导致赵国内乱，就会给对手以可乘之机。如果对手借此灭了赵国，作为臣子的他就是失职，就是不忠不义。此时，他唯有顾全大局，选择退让才是明智之举。这种退实则是一种进，在这一进一退之间，体现出博大的胸怀与智慧。这种退实则是一种进，在这一进一退之间，表现出博大的胸怀与智慧。

弯曲胜于直线，低头是为了抬头

弯曲往往比直线更能给我们以想象的空间，更能使我们感受到艺术之美。人也如此，有时的低头与弯曲会是明天的抬头，这就是生命中曲线的艺术之美。

大大方方地挺起自己的胸膛，扬起自己的头颅，自然天地间我们都无须低头。然而，生活就是生活，它也在不断地限制我们的各种行为，有时候它教我们不得不低下高昂的头颅。当我们探寻一个充满神秘色彩的山洞时，因为洞口低矮我们需要低下头才可进入，这时你就会发现，低头也是我们所需要的。能退者，方能进；能低者，方能高；能柔者，方能刚；在很多情况下，这种屈伸就是一种智慧、大度、从容的表现。想象和现实，往往会有很大

的距离,我们常常听到:在现实面前,不由得你不低头。人在屋檐下,不得不低头,否则就会被撞得头破血流。想当元帅就得先从士兵做起;想骑马飞驰,但眼前只有一头驴恐怕也只能骑上毛驴先行吧。

人生在世,犯错误是难免的,在错误面前恐怕也只能低头承认,这样才能不会再犯,不会造成更大的伤害。从某种角度来说,低头是应该付出的代价而并非一种屈辱。世界本来就是由矛盾组成,各种的矛盾纠葛不是在硬碰硬中解决,更多的是在协调、缓和中解决,这就需要在低头中悦服于人。

在欲望面前,我们或许会有饮用海水的感觉,喝得越多,越感到口渴。面对欲望人不得不学会低头,因为人的欲望本身就是无止境的。我们往往会看着别人什么都好:看着别人的薪水比自己的多,看着别人的职务比自己的高,看着什么都比自己好。其实,当你低下头来时,或许会发现,很多都是身外之物,很多都只是过眼烟云。

富兰克林是美国之父,他也有一个关于"低头"的故事。富兰克林年轻时,一次去拜访德高望重的老前辈。因为年轻气盛,他挺胸抬头迈着大步,结果狠狠地撞在门框上,在疼痛之下,他不得不用手揉搓,矮下身子走过大门。出来迎接他的前辈看到此情此景,微笑着说道:"很痛吧!年轻人,好好想想,这估计是你今天到访最大的收获吧。必须时刻记住:该低头时就低头。这是长安于世的必备之心。"富兰克林确实把这一准则铭记于心,他后来的功勋卓越,在很大程度上也是受益于此。

做人不可无骨气,但做事不可总是高昂着头。该低头时就低头,不一味地高傲,一味地固执,用平和的心态去生活,才能不断地迈向属于自己的美好未来。其实这种道理,我们在大自然中也是随处可见。比如山谷中迎着风雪的雪松,无论它如何高大,在积雪的压积下雪松那富有弹性的枝就会向下慢慢弯曲,之后雪化,枝头复位,如此反复低落伸直,雪松依然完好无损。

倘若是不懂得弯曲，树枝早被积雪压断了，摧毁了。还有，你或许还会看到一堆巨石被山洪冲到草地上，小草会顺应环境的变化，聪明地改变方向，顺着石间缝隙弯曲探出头，冲出了石块的阻隔。

人的一生总会承受这样那样的压力，人的一生总会遇到这样那样的事情，当你感到脆弱，难承载苦难时，不妨弯曲一下，这也就是雪松、小草的智慧表现。想想看，这不就是低头得来的回报吗？所以，低头也是一种明智的选择，也是一种智慧。

善利万物而不争，故无求

水从不与万物争高下，水的不争换来的是绕行万物，躲开万物产生的浩浩荡荡的气势，这种气势终成溢满之势，成江海之汪洋。

《道德经》第八章说："上善若水。水善利万物而不争，处众人之所恶，故几于道。居善地，心善渊，与善仁，言善信，政善治，事善能，动善时。夫唯不争，故无尤。"

老子以水为喻，用现象揭示出了本质的内涵，说明了个体生命如何与外界达成最大的和谐。安于低下为善，不与人争强好胜，同时又能有利于万物。水居住以在地面为善，不与亭台楼阁争高低。水少为自己谋利益，只管耕耘，只管奉献，只管如何对万物有利，就当所为当，勇于担当。

水勇于承担责任，即使责任重大，身处险恶万分，也会以自己博大的胸怀与宽厚的肩膀面对自己的担当。孟子说："自反而缩，虽千万人吾往矣！"不因为只有利于自己而失信于人；不要超出自己的能力范围强求把事办成；不要总想着争权夺利占人便宜；不要不管时间不管场合强硬行事。这样的做法只会铸成过失，亦无利于自己。

赛文是一家公司的老板，他的女秘书虽然长得漂亮有气质，人很优秀，只是因为年龄小，做事常常毛手毛脚，有点粗心大意。赛文开始也很无奈，时常责怪这位女秘书。可是这天之后一切就都改变了。早晨，赛文刚进办公室就对秘书说："你这样漂亮，配上身上的这件裙子就更好看了。"女秘书听后受宠若惊，想来平时严厉的老板今天如此和蔼可亲。赛文接着说："可别骄傲，当然我也相信你同样能把公文处理得像你一样漂亮的。"就是这么简单的两句话，女秘书在处理公文时很少出错了，赛文自然是舒心了很多。

一位朋友得知此事后，便问赛文："你是怎么想出这有效的方法的？"赛文得意洋洋地说："这还得意于一位理发师。一日，我从一家老式的理发店经过，看到一位理发师正在给一位顾客刮胡子，他先给人涂些肥皂水，这样他自己刮起来省劲儿，顾客也不会觉得疼。所以，当别人有纰漏时，不要一味的只说他人的错误，更多的是能否为他人做些什么，这样大家都舒心，工作自然顺利。"

的确，我们若都能像水一样，不争切尽力使他人舒适，也就能使自己也生活的舒服很多。人若能将心地扩展，从而形成包容和圆融万物的大气度，能够如渊一样纵向有深度，就学会了效法自然精神，就懂得了水的品质，就会使自己生活的更加自在，少有忧愁。

进步处便思退步,着手时先图放手

凡事都要考虑好自己的后路,在做事之前,首先是要有很好的规划,要心中有数,这就会很大程度上避免盲目地乱闯。

《礼记·中庸》中说"凡事预则立,不预则废",我们在做任何事时,都要事先有所准备,这种准备会将我们引向成功,否则就是失败。也就是说,做事前应当首先制订好切实可行的计划,这种计划在很大程度上反映出一个人的做事习惯,反映出一种做事态度,也是决定能否取得成就的重要因素。

某地的一个做生意的小老板,在镇子上做了十几年的生意,但最终是以失败告终。一位债主跑来向他索要债款时,可怜的小老板正在琢磨自己失败的原因。他问债主:"我对顾客也是很热情的,怎么生意却以失败而告终呢?"债主坦言道:"你现在不是还拥有很多资产吗?事情或许并不像你想的那么可怕,还可以重新开始的!你可以仔细地整理、核算一下目前经营资产的负债情况,理一下清单,然后规划一下如何偿还债务,如何重新开始。"小老板听了有些不解:"还重新开始呢,我现在都焦头烂额,不知所措呢!"

债主进一步劝道:"你现在的情况可以理解,但以你现在的状态已经于事无补,你更需要很好地制订计划,并按照计划办事。这样一件件最终就会化整为零,彻底解决了。"小老板听后,若有所思地说:"事实上,做计划是我在十多年前就打算干的事,只是一直没有去做。也许你说的是对的。"小老

25

板最终还是按照债主的说法制定了自己的规划，并踏踏实实地实施，终于在他晚年时，生意成功了！

"敏捷而有效率地工作，就要善于安排工作的次序，分配时间和选择要点。只是要注意这种分配不可过于细密琐碎，善于选择要点就意味着节约时间，而不得要领地瞎忙等于乱放空炮。"这是培根的一句名言。无论是处于哪一种行业，在做事时如果没有计划、没有条理，往往很难取得成绩，很难有所作为。

正如前文所讲，"凡事预则立，不预则废"，制定出可行的目标、方针是很有必要的。这样一来，我们的种种行动就会有所指导，所做之事也就会始终围绕着这个方针和目标。如此一步一个脚印儿地走下去，那成功的实现就会把握性很大了。

在生意场上拼搏，这种步步皆赢的欲望会使你停不下脚步，并且始终相信下一单一定是最好的；在职场中打拼，人们也会不遗余力地永远向更高的职位和权力奋进，不断地满足自己的这种欲望；身处资本投资的海洋，步步掘金无法阻止人们靠近诱惑，人们总是会不断地向往获取更多。岂知，这商海、职场、资本市场都是有起有落、有沉有浮、有成有败、有涨有跌的，因此我们不要义无反顾、竭尽全力地一味向前冲，要多考虑如何能使终极目标也就是各种利益最大化！我们或许都还记得物理课上讲的作用力与反作用力，其实人与人之间也是存在这样的关系，但是我们常常会有意无意地忽视了这一规律，倘若你打出去的力比回击的力更重，那就会得不偿失。贪婪，是人世间始终存在的东西，很多人在经历一番苦苦挣扎后，在最后的落幕时，方觉意兴阑珊，或许还会傻傻地问自己：怎么会是如此的潦草收场？这时，你是否会想过，为什么不能是那样的结果？要知道美好的事物不是凭空而降的。

第 2 章　进退平常心
——能进能退，乃真正"法器"

在一个小城的电视台发出了这样一则启事：一位富翁在散步时把狗弄丢了，对于归还者，现在付酬金 1 万元表示答谢。同时，在启事上发布了几张小狗的彩色照片。启事刚一发出，送狗者就络绎不绝，遗憾的是并没有一只送来的狗是富翁家的那只。

面对这样的情况，焦急的富翁太太对丈夫说："一定是真正捡狗的人嫌给的钱太少，要知道那是一只纯正的爱尔兰名犬。"富翁觉得太太说得也有道理，于是把酬金改为 2 万元。事实上，富翁的那只狗是被一位在公园里打盹的乞丐捡到的。其实，乞丐看到启事后，第二天就抱着狗准备去领赏金。然而，在途经一家大百货商场的墙体电视屏幕时，发现悬赏的奖金已经变更为 3 万元，于是在心里盘算奖金还是会涨。随即折回他的破屋，把狗重新拴起来。

果然，在第四天的时候，乞丐在街上的电视上看到悬赏的金额已经涨到 4 万元。在接下来的 9 天里，乞丐像股民关注股票般始终不离商场的大屏幕，直至酬金涨到全城的市民都震惊的 10 万元时，乞丐决定将狗送还富翁，他想，以这笔巨额的奖金未来的几年就可以无所顾虑地逍遥过下去了。正当乞丐打着如意算盘回家准备牵狗领赏时，却发现那只狗已经饿死了。

人，应该学会见好就收。道理虽简单，但这"见好就收"中却蕴涵着人们生活需要的一种进退有序、得失莫计的智慧。每个人都或大或小地有着自己的梦想，然而梦想与现实之间却有着难以把握的张力存在。人们患得患失，就会使得这种张力更加强硬，甚至让人滑落万劫不复的深渊。

退步有时更胜向前，退步即进步的准备

> 遇到困难就畏缩不前，这不是真正的"退"，因为退不是一味消极退让，是为了汲取而前进的方式。退是保存实力，是明智的退。

前进代表着昂扬、积极、向上的人生，勇往直前，人生也确实需要"前进"。而后退，是否就意味着懦弱、蠢笨、落后？其实也不尽然，很多时候咄咄逼人并不优于"后退"给人们带来的好处。

公元前209年，爆发了秦末农民起义陈胜、吴广攻占陈（现在河南淮阳），建立了"张楚"政权，久被压抑的各地民众纷纷响应起义。时在沛县的刘邦，在吴中的项羽和叔叔项梁也都起兵行动，事态发展得很快，没多久起义军的兵力就接近万人。后来陈胜被车夫庄贾杀死后，项梁等拥立楚怀王之孙做了楚王，并且定都盱眙（就是今江苏盱眙）。同时，楚怀王与众将约定：为天下王者即为率先入定关中者。

结果刘邦率领起义军攻入咸阳城，并以"关中王"自居。戎马征战大半生的刘邦很是满意于现在豪华的宫殿以及众多的美女，也就打算着在阿房宫长久地住下去以安享眼下的生活。然而，其手下大将樊哙劝谏道："天下并未平定，莫要忘了秦朝的前车之鉴。"但，时处享乐的刘邦根本听不进去，后来因张良的亲自劝谏才恋恋不舍地将军队撤退到了灞上。随即发生的就是大家所熟知的，刘邦和项羽的四年征战了。最后刘邦彻底地打败了项羽，建立了大汉帝国。

　　该退时一定要退，否则就可能前功尽弃。进时当思退，退时当思进，进与退紧密联系、互相转化，退中有进，进中有退，只是不要错失良机。符合事物发展规律，遵循常理循序渐进，做到进有高度，退有分寸方能自然处世。冒进常常就是在失去理智、偏离科学方向的情况下发生的；处理好进与退的关系，进亦不喜，退亦不忧，才能在人生的路上游刃有余。从这个角度来讲，如何对待进与退，是能够反映出一个人的思想境界和精神追求的。

　　在加拿大安大略省，一个只有5岁的小男孩跟着他的父亲漫步在一条乡间小路上。正当二人信步时，眼前遇到了一个半米来宽的水沟。父亲虽然背着沉重的背包，还是很轻松地跨了过去，但是尾随在后面的小男孩却很为难，他失落地站在水沟边望着只顾自己走的父亲，急得哭了起来。父亲听到儿子的哭声，呵斥道："怎么了？快点跟上！"孩子很无辜也很无奈地说："我跨不过去！"

　　"你确定跨不过去？"父亲这样问。

　　孩子很诚实地说："是的，我跨不过去！"确实，那个半米宽的缺口对于一个5岁的孩子来说，确实无法轻易跨过去。父亲看着儿子，突然心生一计，于是说道："你后退几步，用力往前冲，这样就一定能跳过来了！"

　　小男孩照做，果然在后退几步后，奋力前冲再努力一跳，稳稳站在了水沟的另一边。

　　时光飞逝，小男孩一天天长大，他梦想着有朝一日自己可以进入加利福尼亚一所非常不错的大学读书。但是，天有不测风云人有旦夕祸福，在他念高中二年级时，突然生了一场大病，这一场病侵夺了他两个月的学习时间，待他再返学校时，发现自己落下了很多的课程，功课已经糟糕透了。课

29

堂上，老师的讲课他听不懂，学习的兴趣也渐渐消失，一个学期还没结束，就悄悄溜回了家！

"为什么现在回来?怎么了?"父亲质问他。儿子答道："我不想读书了，以我现在的成绩无法实现我的理想!"这位父亲只是一个很普通的工人，根本无法为孩子补课。同时，他也没有足够丰富的知识，来为孩子补上堂课上落下的知识。于是，父亲问孩子："你确定再也无法取得好成绩了?"孩子很沮丧地说："是的，我再也无法取得好成绩。"

"因为生病，落下了两个月的功课，确实很难把功课赶上去，然而放弃总不是最好的办法!这样的放弃，不如休学、退后一年，等明年重新开始。"就这样，父亲替他作出了决定，拿了个主意。此后，孩子在家里复习以前学过的功课，在来年开始了自己新的学习生活。由于之前在家努力复习功课，他的成绩很是优异，轻轻松松地就考上了他梦想中的那所大学。

这位几经波折的孩子就是日后实现自己梦想，执导《泰坦尼克号》《阿凡达》的著名导演——詹姆斯·卡梅隆。

人们若是一味地乘胜追击，不知道退一步再向前，就必然会使自己身心疲惫，难以迈向成功。应当实际地看待成功，在很多时候最有可能实现的成功才是我们应当追逐的对象。

留些空间,生活不能太满

真正懂生活的人,一定不是将生活填充得满满当当的人。珍惜人生,并非意味着繁忙就是生活的主题。要多给自己留些空间,这样生活才会更加美好。

没有停顿地奔波,习惯把每天的日程安排得满满的,总是硬撑着,即使已经感到很辛苦、很疲惫。工资、职称、房子、车子、荣誉、面子等这些盘旋在我们脑海里的东西往往是我们疲于奔命、忙于应付的根源。这样就会使得自己失去身心放松、舒展的空暇时间去思考,让承载生命的机体处于蠕动的状态。使本可以为社会多作贡献的躯体提前衰老,使生命旅程缩短,使原本充满生气动力的生命机体因耗损过度而瘫痪。

在这个忙碌、信息充斥的社会,我们是不是已经厌倦了再拿着电话与老同学回忆往事?是否已经不愿倾听亲朋好友的"啰唆"?是否已经失去了过去的那种淳朴与激情?是否已经不再去电影院看部情感片?是否已经没有时间陪着孩子郊游?是否已经不愿到图书馆翻阅小说?是否已经无心伴着爱人散步?是否已经无法产生"春色满园关不住,一枝红杏出墙来"的兴奋?是否已经无心体味"茅檐相对坐终日,一鸟不鸣山更幽"的境况?是否已经无法感觉到"接天莲叶无穷碧,映日荷花别样红"的美妙?是否已经无法享受"霜叶红于二月花"的浪漫?是否已经无法体会、观赏到"明月松间照"

的风景，以及"清泉石上流"的意境？

飞白也好，留白也罢，都是在说书法、国画中的一种技巧。这种技巧上的要求，实际说明了要恰如其分地给有限的空间保留一定的空隙。只要仔细观察就会发现，身边存在很多这样的预留空间，比如建筑物之间总是会留出空地或通道，倘若没有这些活动的空间，恐怕再精美的建筑也会少有人问津，只能望而却步。还有在室内装修时，木工师傅无论是铺设木地板还是打造家具，都会在木板间留出一定的缝隙。或许你会觉得能够将木板拼得天衣无缝、浑然一体，那才是整齐又美观。其实，这就是外行人的看法，木板有热胀冷缩的特点，这缝隙是非留不可的。再就是园林，当你游览时，总不免会为空间的旷远和花草的疏朗，赞叹设计者的高明留白吧。

诸多事物，都需要有空隙的存在，无论是整体还是局部都需要空间。比如室内装饰，一个房间如果充满收藏和装饰品，就会显得过于复杂繁多，反而失去了它的高雅，显得拥塞凌乱。与此相反，如果墙面的大部分并未为装饰品所占据，而是留为空白，就会彰显出简约之美，就会留给人以无尽的想象空间，也会使人心旷神怡。

对事如此，对人更是如此。因此，我们也应当给自己的生命留出些空隙。有空隙，就是有了缓冲带，人生需要这种缓冲，需要这种可收可放的活动空间。因为它是你随时随地调整自己进退的空间；因为它是滋味无穷，值得留恋与回味的源泉。

有了闲隙，就有可能达到常人不及的境界，因为这是兼容性所给予你的。大家知道苏轼数次贬官，不为重用，而正是这种坎坷的经历才使他为后人留下众多字字珠玑的千古奇文；大诗人李白如若没有不得志的境遇，又怎么会挎一柄长剑，浪迹江湖，我们也就不会看到照彻半个盛唐的诗意的月光了。

第2章　进退平常心
——能进能退，乃真正"法器"

其实，艺术中讲求的"留白"等境界，更是我们在生命中要着力追求的境界。生命不能没有空白，不能安排得太满。为职称房子，为事业功利，我们或许需要用大半生的无可回避的事奔走劳碌，生命被瓜分得支离破碎。待步入老年时，让俗世中蒙尘的心灵得以净化，就需要我们为自己保留一点空白时间，使得疲惫的身体能够得到休憩和修复，让生命具有一定自由伸张、飞翔拓展的空间。人生无法承受不可名状的过重负担与痛苦，因此万不可把生活填得满满当当。

有一个人很怕死亡。没事的时候，他就会琢磨：死亡是在后边还是前边？如果是车祸丧生、飞机失事，那人们总是会在往前跑的时候死亡。而且，很多动物被捕杀时也都是在往前逃命的时候发生。像是在后退时丧生的还是少有耳闻，所以，死亡是从后面追赶的。这么琢磨之后，他得到一个重要的结论：走得更快速、更匆忙是避免被死亡追上的唯一的，也是最好的方法。

此后，这个人就开始了自己匆忙的生活，吃饭、工作或走路他都行色匆忙，差不多是自己从前的三倍。有一天，正当此人匆匆忙忙赶路时，突然从身后被一个白胡子老人叫住。老人问他说："你在追赶什么，需要如此匆忙地奔走？"此人莫名地说："我不是在追赶，我是在逃开呀！""那你又是在逃开什么呢？"老人问道。"逃开死亡！"老人接着问道："你如何判断出死亡是在后面呢？"那人于是把自己的理论结果告诉给了老人：因为所有的动物都是在往前逃命被死亡追上的。听罢，老人摇摇头说："大错特错！死亡是在终点等候的，并非是在起点时就开始追赶你。因此，只要你抵达终点它就会在那儿等你，与你在过程中的快慢无关。"

生活并不只是追赶财富、权力和容貌，要懂得和周围人相处，要用心去体会自己的感受。不要将自己掩埋在了忙碌之中，不要把自己装得太满，我

们虽然过着平凡的日子，也要懂得生活。

给生活"留白"，是为了解开名缰利锁；给生命留白，是为了让生命不再有所羁绊；给人生"留白"，是为了不使生命之弦绷断；给人生"留白"更是为了让生命在自我关怀中享受从容的滋养。从这方面来讲，人生的"留白"是人生的一种智慧和哲学，是一种无为而治的悠然，更是一种闲适隐逸自然悠哉的表现。给人生留白，人生之路可能会变得更加平坦，人的心境也变得更加宽阔了。珍惜自己的一切，为了自己的健康，为了自己的未来，也是为了家人的幸福，请为自己的人生留一点空白。

观时而动，韬光养晦

审时度势，应时而变，都是在告诉我们时机的重要性，都是在告诉我们什么时候需要韬光养晦，都是在告诉我们应当懂得"时"的重要性。

曹操兵强马壮，刘备虽是皇室后裔但时下也必须投靠曹操，但这并未消磨掉刘备的雄心壮志。为了降低曹操的提防之心，刘备在住处后院种菜，亲自浇灌。这让好兄弟关羽、张飞很是不解，于是他们便问刘备："兄长怎能学小人之事，不留心天下大事呢？"刘备说："其中自有我的道理，二位兄弟暂可不知。"二人也就不再多言了。

一天，曹操派人请刘备赴宴，因为不知其意，心里多少忐忑不安。待到

第2章 进退平常心
——能进能退,乃真正"法器"

饮酒半酣时,忽然阴云密布,骤雨将至。此时,曹操突问刘备道:"玄德久历四方,一定非常了解当世的英雄,请讲讲吧。"刘备历数了张鲁、张绣、袁术、袁绍、刘表、刘璋、孙坚等人。然曹操鼓掌大笑道:"这些人何足挂齿?不过是碌碌无为之辈!"刘备说:"其他的我还真无所知。"曹操说:"凡是英雄,有包藏宇宙之机,都是胸怀大志,腹有良策,并且具有吞吐天地之气。"刘备说:"这种气魄谁能担当得了?"曹操先用手指指刘备,又指指自己,说:"只有你和我可称得上是这当今天下的英雄。"刘备闻听此言,手中所持的筷子不觉掉到地上,同时面生惊色,可巧当时外面雷声大作,刘备也就顺势、从容俯下身去拾起筷子,开解道:"一震之威,乃至于此。"曹操对言道:"大丈夫也怕雷震吗?"刘备说:"'迅雷风烈必变。'此乃圣人所言,何来不怕呢?"于是也就将自己闻言失态自然而然地掩饰过去了。从此,曹操也就不再怀疑刘备胸有大志了。

人在逆境或遭逢不幸时,切勿鲁莽行事,不要因徒劳无用的行为造成更坏的局面。这个时候,最佳的方法就是耐心等待时机的到来。也许要不了多久,机会来了,就会使你眼前出现希望的曙光,你也就能感受到柳暗花明的欣悦。故事中的刘备就是韬光养晦的典范,身在曹营唯有静观其变,伺机而动才能成就其日后的伟业。下边这个故事也有异曲同工之妙。西汉时,汉高祖刘邦的臣子陈平也是一个能够以退为进、观时而动的人,让我们一起来看看他的故事吧。

汉高祖死后,吕后专权。刘邦的几个儿子和刘氏诸王都死在了这个残忍的女人手中。当时,吕氏一族统治天下,并对反对者一律肃清。陈平为了保身,表面上很听从吕后的命令,实际心中存有不满。因为,在当时的时局下,陈平很清楚一个不小心,就会引来杀身之祸。

吕后看到陈平顺从,把他由左丞相升为右丞相,也对他颇为放心。但是，陈平并不敢稍懈戒心，仍旧天天沉溺在酒色之中，故意怠慢重要的政务。过去的陈平是精干洒脱的作风，与当下的奢靡腐烂生活完全不同。

其实，陈平装痴装傻，保住性命，是在一心一意等待时机光复大汉。终于，吕后去世，他站出来支持太尉周勃将吕氏一族清理，在一路杀杀抓抓中，又为刘家夺回了政权。回过头来想，如果不是陈平的深谋远虑、韬晦之计，又何来汉室复兴呢？

在异常艰苦而恶劣的环境中，首先要辨析清楚环境，因为稍一懈怠就会身首异处。此时最需要平常心来应对，最需要掌握好以退为进策略的艺术。

第3章

贫富平常心

——最要紧的是积累心灵财富

　　一个人的富足并不是物质所能衡量的，心灵上的富足才是更为宝贵、更为永恒的财富。要用平常心来看待财富，只有这样我们才不会看错财富，才不会因为短见而失去弥足珍贵的心灵财富。

生活是本，财富是末，切忌本末倒置

　　　　财富确实可以满足人的生存需求和生活欲望，因此人们常说：没钱是万万不能的。但如果汲汲于财富，认为钱是万能的，那财富将成为生活的负担。要想拥有自在的人生，切忌本末倒置，记住：生活是本，财富是末。

　　只要我们用心去发现，幸福其实就是一种心灵的感受，是一种期盼。当你用心去感受时，就会发现我们身边就有幸福，只是这样的幸福常常被我们忽略。造成忽略的原因恐怕就是没有知足心。虽然，每个人对幸福的感觉和要求都不相同，但很多感受不到幸福的人，多是因为对周围、对现况总是不满，相反，一个容易满足、懂得知足的人，就会经常感受到幸福的滋味。

　　知足常乐的秘诀是：割舍掉不实际的欲望，并要懂得如何享用你所拥有的。在实际生活中，我们中的很多人往往是拥有很多，却不知珍惜，反倒是想要得更多。我们总希望拥有得尽可能多，拥有更多的财富这是人的欲望使然，但财富是个无底洞，需要掌握一个度，否则就会失去自己的本真。一个人的快乐不是索取多少拥有多少，因此要懂得适当地放弃。每个人活在世上，在本性贪婪的作用下，总是想拥有很多。也许开始时只是一个梦想，慢慢地就演变为一种难以遏制的欲望，最终这种欲望还可能变为一种贪婪。见害不能不避，见利不能不求，这是人趋利避害的天性使然。吃得饱、穿得暖是人的基本需求，而在这种天性的作用下，人不仅仅满足于此，还有更多的欲望、有更多对于美好事物的追求。然而，如果无节制地追求美好事物，就会造成自我膨胀，就会使欲望带有贪婪的性质。当然，温饱不能保证，则天下大乱，因为这是人最基本生存要求的满足。但是，钱不是主人，而是仆人。富贵人对人更应该宽厚、有修养，因为他们有钱，比别人更方便。有钱人要注意修养，使自己的言行与身份相称，思想与地位相符。不然，就会失身份，损形象，遭唾弃。

在生活的各种关系中，我们与物质的关系，即我们与财富、金钱的关系，并不是最重要的。生活中最重要的关系是人与人之间的关系，你我他，是我与你、我与他，我们与大家等的关系。这些关系的维护，并非只靠社会价格体系才能做到。如果将人与物质的关系介入人与人的关系中，那么人与人就必然只是功利关系。这就会使得人生命虚无化，也会使人生变得异化了。

爱斯基摩人捕狼的办法很特别，世代相传着这种很有效的方法。在严冬时节，他们用新鲜的动物血涂抹在锋利的刀刃上，等血冻上后，他们再涂一层，然后再冻住、再涂，如此反复，很快刀刃就被血冻成了结结实实的血坨了。

下一步，就是刀尖向上，将刀把结实地扎在地里，这样用血裹住的尖刀就会暴露在地上。当狼顺着血腥味找到的时候，狼对血液散发出的强烈气味很敏感，会在血腥味的刺激下，舔舐得更快、更用力，直到所有的血被舔干净。这时暴露在外的锋利刀锋，会使狼在血腥味的诱惑下，嗜血如狂猛舔刀锋时茫然不知地划破自己的舌头。再后来，狼其实是在舔舐自己的鲜血，舌头抽动得更加快，血流得也更快更多，直至血尽而倒。

其实，我们人类也会犯狼这种嗜血本性的错误。做生意的，总是希望钱越赚越多；当官的，总是希望官越当越大。人的贪婪是无止境的。20世纪，有一部经典的国产动画——《渔夫和金鱼的故事》。故事中，那条神奇的小金鱼为了报答渔夫的救命之恩，送给了渔夫很多东西。一座新的房子，一张新的渔网，一个新的木盆，这些本就能使渔夫过上快乐的生活。但是，由于渔夫老婆的贪婪，金鱼收回了它所有的允诺，于是一切都毁灭于渔夫老婆之手。

如果受物质需要驱使，人成为物质的奴隶，那么社会就充满了各种欺诈和压迫。在这样的社会环境下，犯罪就可能成为一种谋生的手段。但要是人成为物质的主人，人将物质仅仅作为满足个人生存需求和个人欲望的条件，能够把物质作为人与人之间传递同情和关爱的工具，人才是真正的主人。以上两种情况，物质的性质没有改变，可是人的地位却发生了重大变化，前者丧失了人本身的自由，使物质力量左右、支配了自己的行动和思想；后者拥有自己的自由，是物质世界的主人，其人格也是独立的。也就是说，前者是奴隶，后者是主人。对于奴隶来说，没有任何自由可言，他们的行动和思想完全是非理性的，并不由道德、理性来支配，完全是被动的。也正因为这样，奴隶们的思想是被动的，行为是没有社会责任感。当奴隶们进入一个花园，如果他们喜欢鲜花，就会从花园里把它们摘下来；但如果是做花园主人，可能对鲜花的喜欢更多的是转化为用自己的劳动种植和养护它们。从拥有鲜花上来讲，他们二者都是占有者，但是前者是摘，其拥有的是有限的鲜花；后者是种，其拥有的鲜花是永恒的；而且摘得的是鲜花的尸体，种得的是鲜花的生命。

生活中常常不快乐，怨天尤人就会"重形轻神"，本末倒置。

几位年轻人一起去拜访他们的大学老师，当大家讨论到生活得如何时，大家都牢骚满腹，说着工作压力大，房价上涨物价上涨……屋里充满着各种怨言,似乎人人都成了生活的弃儿。

　　这时,老师笑而不语,他拿出塑料的、瓷器的、玻璃的等各式各样的杯子。这些杯子有的看起来高贵典雅,有的看起来粗陋低廉……这时老师说:"你们要是渴了,自己倒水喝吧。都是我的学生,也就别和我客气了。"

　　刚才大家说得也已经都口干舌燥了,于是纷纷拿着自己中意的杯子倒水喝。当每个人都端了一杯水时,老师指着茶几上剩下的杯子说:"像这些塑料杯你们大家都没有选择, 你们挑选去的杯子都是最好看最别致的杯子。这并不奇怪,谁都希望手里拿着的是一只好看的杯子。但,其实这也就是你们烦恼的根源。要知道,杯子只是个盛水的器具,你们大家需要的是水,而不是杯子。然而,在选择时,你们有意无意地会去选用好的杯子。其实,你们每天都在做着这样的选择,这就是我们的生活。工作、金钱、地位这些东西就好比是杯子,它们不过是我们用来盛起生活之水的工具。如果将心思花在这并不能影响生活质量的杯子上, 你哪有心情去品尝水的苦甜?那么,就会自寻烦恼,就是本末倒置。

　　老子有云:"祸莫大于不知足;咎莫大于欲得。故知足之足,常足也。"这为我们揭示出一个道理:祸害之大者莫过于不知足,过失之大者莫过于贪得无厌。权力欲、金钱欲、色欲、情欲往往会使人沉沦。正如孔子所说:"不义而富且贵,于我如浮云。"对于不义之财,应当看作是浮云,要分毫不取。做人的一种大智慧就是弄清楚什么该拿,什么不该拿,应当适可而止,只取自己当得之名,当得之利。

　　钱财乃是身外之物,生不带来死不带去。这是人们常说的话,也是我们应有的金钱观。人不可做钱财的奴隶,金钱不过是为人服务的一种交换媒介物,不要将钱深藏于地下,因为它只有在交往中才能更好地体现出价值。

踏实做事，消除妄念

理智的人多会消除妄念，不寄希望于从天而降的财富，不祈求天上掉下馅饼来，不渴望财富从天而降，而是坚定地相信财富是要通过自己的努力创造的。

理智的人善于消除妄念，不寄希望于从天而降的财富，不祈求天上掉下馅饼来，不渴望财富从天而降，而是坚信真正的财富是要通过自己的努力创造得来的。

好高骛远只能使你放弃很多现成的成功机会，因此我们做事还是要脚踏实地。积跬步以至千里，积小流以成江海。我们或许不屑也不愿艰难而漫长的原始积累，但没有量的积累又何谈质的飞跃呢？

不畏艰险，坚持不懈，踏踏实实做人，认认真真做事，千锤百炼，从眼前的一点一滴做起，积沙成塔才有希望筑起自己的梦想！

当今社会，跳槽已经成了家常便饭之事，而那些跳槽太过频繁的人，往往到头来一无所获。一位猎头曾经说过：一份简历如果记录连续的 4 次或 3 次时间不长的跳槽，就被视作为垃圾简历了。频繁跳槽就是缺乏踏踏实实地做点事情的韧性。

我们往往会对年轻的销售总监们羡慕不已，这些年轻人动辄掌管几亿，甚至几十亿的销售数额，管理着几百上千人的队伍。我们看到的是他们辉煌的一面,岂不知他们也是一步一步,从一个职位到一个职位,一点一滴积累成长过来的。这些人往往具有一种脚踏实地的做事风格。

李牧在一家公司做财务,个人能力很强,但总是一山望着一山高,一心想着跳槽。一次,他和一位从事猎头工作的朋友聊天,想让他给自己另谋差事。通过沟通了解,猎头朋友觉得李牧对财务的理解很多方面都非常优秀。正当俩人相聊甚欢时,猎头朋友问李牧:"你要是被我的客户看好的话,你这边需要多久的准备时间就可以到我的客户那里上班?"李牧立即答道:"只要谈好了我第二天就可以去。"猎头朋友听后吓了一跳,心想:这人能力是够,只是太缺乏职业道德,要真是推荐给了朋友的公司,有可能会给所在企业带来损失呢。于是,李牧最终也没有能够得到猎头朋友的推荐。

在现实生活中,我们每天都要面对各种各样的问题和矛盾,要把事情、问题办好,就应踏实做事,就是要求实效,办实事、脚踏实地,远离浮躁。任何事物都有其自身的规律,遵循事物的客观规律来处理问题,而要能够认识事物、化解矛盾、解决问题,不仅需要一种严谨的科学态度和方法,更需要坚持实事求是、脚踏实地的精神。其实,我们在追求踏实做事的过程也就是坚持实事求是。这样的态度和方法也才能使我们找到现实的土壤,结出丰硕的果实。如果总是浅尝辄止、忽冷忽热,就难免出现做而不细、做而不实的问题。

社会进步带来专业化分工,人们要发挥作用、实现自我价值,劳动者的职业化就是在现代社会中实现的重要途径,职业和岗位为此提供了必要的机会和条件。我们应该将自己的双脚放在地上,一步一个脚印的前进,而不是浮躁妄想不切实际的事情。脚踏实地,便能够确保各种职业有效分工,促进社会和谐有序、正常运转;只有脚踏实地,远离浮躁才能实现人生的价值,创造出色的业绩,获得人生的乐趣。

真正富有的人懂得合理支配财富

一个人的福报可以用赚钱来体现，一个人的智慧用什么来表现呢？真正富有的人一定不是挥霍无度的奢侈者，也不是一毛不拔的吝啬鬼，而是真正懂得合理支配财富的人。

媒体上触目可及的广告给我们提供了很好的选择和参考，商区内琳琅满目的货架也在热情洋溢地召唤着我们……这就是我们生活着的、提供给我们众多消费机会的世界。面对这种情况，应当明确，并非只有花钱才能改善我们的物质生活，消费也并不是能使财富发挥最大效用的最佳方案。既富有又能为人敬重并非人人都能做到，虽然我们生活的世界中有很多富有的人。在对待财富，每个人或许都有自己支配的方式。

第一，合理分配财富。

如果十分的财富只能发挥一分的作用，这可能是我们拥有了财富但却不知如何理财。那么，如何合理地支配我们的财富呢？

一般来说，我们的财富大致可分为四份：首先是要用以保障生活基本的家庭开支；其次是要有投资增值的份额，不然现有的财富就是一潭死水，无源之水，无本之木；再就是储蓄，时刻都应当有"以备不时之需"的准备；最后要有做慈善事业之心，这是自己耕耘福田和回馈社会大众的体现。实质上，我们能够从中收获，这也是一种投资，是对未来幸福的投资，这绝非有限的财富所能比拟的。

哲学家西塞罗曾经说过："追求财富的增长，不是为了满足一己的贪欲，而是为了要得到一种行善的工具。"如果我们每个人都能做到"有力者疾以助人，有财者勉以分人"，将财富作为一种"行善的工具"去追求，财富或许也就可以发挥出更大的作用了。那么，许多社会问题就会迎刃而解，我们生活的世界也就充满了温暖。

福报总会有耗尽的一天，倘若只是一味地享用，那时我们也就不再拥有财富了。况且在现实生活中，货币会贬值，股票会下跌，银行会倒闭，如果只是一味地积蓄财富，即使我们将拥有的财产紧紧地锁在保险柜中，又能有几分保险系数？就像是撒播的种子，哪怕只有一粒之微，或许都会给我们带来百倍、千倍，甚至千万倍的丰收。

第二，不合理的使用方法。

珍爱金钱超过生命，这是吝啬鬼的特质，也是不合理使用财富的典范之一。即使拥有再多，不仅舍不得造福社会，也不舍得用财富去帮助他人，甚至对于自己的家人都是铁公鸡一毛不拔。这在很多文学作品中都有精彩的描述，比如我们所熟知的《儒林外史》中的严监生，始终念念不忘的是自己一生守护的钱财，直到生死关头还是如此。

"身死留财，智者不为。"对于这些吝啬鬼来说，赚再多的钱也是徒劳，也是无意义的事。当他们撒手西归之时，他们都只是财富忠实的保管者，而自己守护的钱财不能给其带来任何一点利益。从这一点来说，守护钱财、积攒钱财是一种非常愚蠢的做法。钱财在他们这里，不过是些毫无意义的金属和纸片。

挥霍无度这是我们用来形容暴发户的常用词语，他们也是一种极端地非合理运用财富的典范。

　　很多人骤然暴富，却没有承受这份财富的健康心态。他们当中不乏有沉溺于穷奢极侈生活者；不乏有得意忘形，一味挥霍来炫耀所谓成功者；不乏有失去自我者。财富只有自己吃掉、花掉才真正属于自己，人生就应当及时行乐，正是在这种思想的作用下，他们拼命享用，却不愿为他人付出分毫。这样的行为自然是无端地浪费财富，也为社会所不齿，同时也是无谓地消耗自己的福报。

　　表面文章，这是用来形容虚荣心强者的常用词汇。这些人追逐时尚的潮流，对于高档的用品过于热衷，即使没有一定的经济实力也会购买、添置。在他们的心目中，高档就是价值的尺度，名牌就是身份的体现。我们为什么在衣食无忧之后还不能满足？我们为什么在得到必需的饮食以维持生命时，还是奢求更好的事物？我们为什么会购买昂贵的衣服来抵御寒冷？这些问题在追求奢华者看来都是无法找到答案的，因为他们已经把衣食住行，演变为用来攀比的道具。

　　急功近利到盲目的地步，不惜所有家产孤注一掷地用来作风险投资，更产生了一种希望财富来得快一点，再快一点的渴望。因此，很多人丧失正确的判断能力，或是上当受骗，或是投资失策，最终落得个倾家荡产的可悲结局。

　　在人生旅途中，只有不断地播种和耕耘，我们才可能从播种者变为收获者。布施之时，"恒怀欢悦，身意牢固，诸善功德皆悉具足"，请大家仔细体悟吧。

无度挥霍，愚人所为

> 勤俭节约是一个人高素质的体现，是中华民族的传统美德和优良作风，渗透在生活中的点点滴滴。愚蠢者只知无度地挥霍金钱，并不知道应当如何节俭。

愚蠢的人花钱没计划，有钱的时候有多少花多少，真正用着钱了却又囊中羞涩，什么也拿不出来。在认识不清的情况下，盲目地攀比就是不顾实际情况向人夸耀，与别人进行比较，也就是愚蠢人的比较常见的不良习惯。

我们做任何事情都应当有个计划，对于费用的支出更是如此，聪明的人都是有计划地花钱，科学地消费。无论你从事什么行业，有钱没钱都要对自己的钱有个长期或短期的计划。多余点好，钱到用时方恨少，应当避免在用到它时找不到它的情况发生。那么，我们不妨养成以下这些习惯：

1.投资要谨慎，不可盲目行之

投资永远是用你的"余钱"！任何投资都有风险，当你看到很多人买基金或国债等都赚了，你也想拿着自己省了很久下来的一笔小钱去买。这其实并不明智，因为这并不是你的多余之钱，应当将自己一段时间内的正常生活费和一笔应急资金之外的钱拿来投资。若你是一位胆子很小的人，那么投资这类东西其实并不适合于你。千万不要完全相信电视网站证券公司的那些浮夸的大赚特赚的信息，应当理智地看待自己是要承担一定的风险

的。正确地看待自己，发现你自己的优点，或许将投资证券、国债的钱为自己多充电，或是做其他的买卖更适合你。总之，在众多的赚钱方法中，应当找到适合你自己的投资方式。

2.在生活中记账

我们中的很多人都有过记账的经历，短时间实施，比如一个礼拜，一两月，三五个月等这都不难，但是真正去一年两年甚至一辈子记账，可能就不是每个人都能做到了吧。其实，很多事情时间长了也就变成生活的一部分，变成了一种习惯。让我们过得更好，更好的设计和规划我们的生活，特别是理财。那么，记账会让我们知道哪些钱多花了，哪些没必要花，知道钱该如何花才更有价值，我们还能对自己的现金流清楚地知道去向。

3.越早越好地储蓄

积少成多，哪怕就是几十块，一百块两百块一个月的积累，只要能够坚持，某一天你也会看到一笔可观的费用的。一定要学会定时强制储蓄，趁年轻的时候一定要多积累，应当雷打不动地每个月储蓄一笔钱。将来你就会知道，或许这笔资金就可能是你日后做大事的启动资源。储蓄不一定要等到工作后，其实在读书的时候就可以开始，将零花钱、压岁钱存起来，或许在你念完书时就是一笔个人小资产呢。

4.信用卡固然方便，但也不要什么消费都用它

对于学生和刚工作不久的年轻人来说，最好使用现金，而不要用信用卡，这并不会给我们带来什么不习惯、不方便，要知道在还款时，你就会发现很多钱都莫名其妙地没了。而这钱就是你大手大脚在不为所知时没的，这时你也不要抱怨什么钱没花就没了之类的。信用卡会让你麻木消费。从这点来看，一个月记一笔清楚的账也是很有必要的。年轻的时候尽量不要有负债，不要和别人攀比，那并没有什么意义，年轻时更重要的是懂得如何

去控制自己。

5.要懂得对自己投资

在一个人没家庭负担、没压力的时候,一定要有活到老学到老的意识,要有不断增加自我资本的念头。尽量地充实自己,善于抓住自己的学习高峰期,好好学习,等到结婚有了孩子和家庭,学习的效率自然就会因为家务事而分神降低了。世界投资什么都有风险,唯有投资自己是最真实、最可靠的。自己有了本事,有了能力,总会有饭吃的!多充电吧,这会使你的经验和资力都增值!

6.做到量入为出

学会记账,一个月算下来,知道自己零食花了多少钱,衣服花了多少钱,吃饭花了多少钱……对于一些完全没必要的东西,建议大家在购买时就要多问问自己,是否真正需要。这样一来,或许就会发现,很多东西其实并不是非要不可的。当然这有一个前提,就是你得弄明白"想要"和"需要"的区别。为了以后能更好地生活,理财时要进行一些克制。

丰富自己的内心世界

人类社会不断进步,文明也在不断发展,祖先为我们留下了丰富的、影响深远的文化遗产。回顾历史,我们有过盛唐的富足、古罗马的繁荣,然而影响至今的还是古圣先贤的精神感召、历代智者的思想传统,以及与之相应、源远流长的文化积淀。

人类社会具有双重性,既有物质世界又有精神世界,二者相互联系、很难割裂,而其中的精神世界更是人类所独有的,试想,如果人类也仅仅为了生存而生存,仅仅拥有物质世界,那与飞鸟走兽觅食奔忙有什么不同?正是因为我们在基本生存解决之后,懂得对生活的感受,懂得精神体验,才使我们建立、拥有了精神世界,才使我们有别于其他物种。

一个拥有美德的圣贤总能洁身自好,不论处于什么样的时代、什么样的境地;一个洞明世事的智者,总能从容面对,不论遭逢什么样的人生境遇。从这些方面来看,精神世界应该是我们应该着力建立、铸造的,因为当我们拥有充实的内心世界,就有能力抵御外界的一切干扰,就在任何情况下不会被打垮。

物质财富是精神财富的基础,我们需要房产、存折,拥有汽车、家电,但这些属于身外之物,我们拥有的只是一份使用权或保管权。相较而言,我们可能会失去现有的工作,但不会失去智慧;我们可能会失去房屋,但不会失去爱心;我们可能会失去业务,但不会失去信仰……否则就是自己选择了放弃、选择了自甘堕落。

对财富积累的需要、对奢侈品的需要、对权力和虚荣的需要……当这些需要加载在迫切的心灵之上时,我们就会无法按部就班地去实现,就可能变得"财迷心窍",失去职业道德,甚至伦理道德也不见了。物欲的膨胀是我们渐忘精神的需求,长此以往就可能使我们的内心处于严重的失衡状态。一味地追求物质财富,不仅使我们忽略了精神财富,甚至会使我们丧失精神财富。失去物质财富,只会使生活受到暂时的影响;而失去精神财富,物质能否填补其间的空白?当我们的精神世界成为一片废墟之时,不仅会影响到我们一生,更会殃及后代。能否成为我们人生的无悔追求?因此,我们要培养生命内在的信仰与智慧、培养心灵深处的慈悲和爱心,这样我们才会拥有不断受益的源泉。

美美与青青从小一起成长,美美大学毕业后去了一家建筑公司当秘书,青青毕业后去了网络公司当技术员,整日跟着老板出入应酬场所,美美开始对物质需求增强,以至于为了能用上名牌包包、名牌衣服而不时开始做假账、挪用公款,最终落得个法律制裁的后果。青青虽然是个平凡的小职员,却十分注重对自己本身修养的提高,工作之余看了很多书籍,心智得到很大的提升。青青安于平凡的日子,做着自己本分的事情,却在一天天的成长、成熟,最终做到了技术总监的位置。

美美和青青都是处于现实的社会,一个在物欲横流之中随波逐流,另一个善于培养、丰富自己的心灵,最终两人走上了不同的道路。一味地追逐物欲只会是短暂的享乐;注意自我内心的丰富资本才是永恒需要追求的。

第 *4* 章

功利平常心

——虚名不过是天边浮云

　　功名利禄，若以平常心泰然处之，就会觉得不过是天空浮云。不去追逐这种虚幻的东西，就不会为这种飘忽的东西所累、所困，也就不会为之所奴役而失去了本真。

不要被功名利禄奴役了

古往今来多少的豪杰志士，最喜欢的就是名利，倘若自己的心灵被功名利禄奴役了，就可能为之消磨青春年华，甚至耗费毕生的精力，最终却落了个空名而已。因为无论自己如何占有，名利是一点都带不走的。

有些人将追逐名利不恰当地放在了真实生活的重要方面。但凡事都有度，过分贪婪，害己害人。只能是引来无尽的烦恼。等争取到了名利，其实心里还是烦恼，因为无法确定自己到底能够保留多久。

欲壑难填，欲望是永无止境的，况且名声加在身上，只是一种感觉上的满足，而感觉的东西却是容易消失的。追求名利所付出的代价和备尝的痛苦，会使得我们殚精竭虑，永远不得喘息。然而，真正的快乐或者幸福，却又并不在名利二字上。顺其自然，得之则不骄，失之则不忧，不牵挂于心，权当游戏人生，要能如此看待名利就会快乐不少。智者看透了这一点，不愿意成为名利的奴隶，而愿追求心灵的自由和潇洒。明白了这个道理，就会觉得这只是漫漫人生历程中的一个小小的休息点，在此补充较大的能量，生活则会更加幸福。

幸福美好的生活是要靠富足的物质生活来奠定的，但是，不能将功名利禄作为衡量事情的唯一标准，变成人生的唯一目标，否则人就会成为钱奴,就会走向一个极端。人们常说:精神上的贫困远较物质上的贫困更可怕。

君子爱财取之有道,人不能将金钱带进坟墓,我们应树立正确的人生观、价值观。一个人拥有多少金钱并不是幸福与快乐的必备因素,因此我们应该具有超越现实的能力。生命的凯歌同样可以在平淡、简单、朴实的生活中奏响。

马其顿国王腓力二世之子就是伟大的亚历山大大帝。他自幼从师于哲学家亚里士多德,在即位后镇压叛乱,并大举侵略东方。先后侵入了小亚细亚,在伊苏城击败波斯王大流士三世,进而入侵埃及、叙利亚,进兵两河流域,在消灭波斯帝国后即侵入中亚直至印度。就这样他建立起了东起印度河、西至尼罗河与巴尔干半岛的大帝国。

以征服为荣,这是亚历山大大帝一生的真实写照。然而,当他占领了近半个地球的土地以后,却因为找不到对手而寂寞落泪,郁郁寡欢,在 32 岁时就病入膏肓,最终是无药可医地等待死亡的降临。当这位不可一世的征服者静静地躺着时,无人知道他在想什么,在生命即将结束之际,他竟出奇地宁静。他开始布置自己的后事:"我死以后,在我的棺材上挖两个洞,并把我的双手放在棺材外面,再抬我走过街市。"部下们疑惑地问道:"为什么要这样做呢?"亚历山大大帝命令道:"一定这样做就是了!"其中的一个部下还是好奇而畏惧地问了一句:"能否告诉我们其中的缘由呢?"亚历山大大帝淡然地说道:"我亚历山大大帝死后的双手仍旧空空,这就是我要告诉世人的。人两手空空来到世界,最终也还是空空离开,带不走任何的身外之物。虽然我辉煌一生,征服众多,但是死的时候却是一个全然的失败!莫让宝贵的生命消失得太快。"

每个人死的方式都一样,空空来,空空去,虽然我们活在世上的方式各

有不同，因此不要到生命终结的时候才醒悟到生命才是最珍贵的!《飘》的作者玛格丽特·米歇尔说过:"一直要到你失去了名誉以后，你才会知道这玩意儿有多累赘,而真正的自由又是什么。"我们常羡慕那些名人的风光,然而盛名之下,其实是一颗疲惫的心,因为很多时候他们是为别人而活着。虽然,大家都希望能为自己活着,因为这样自己的生活才更有意义。

生命最美,快乐最贵,当你在面临世间众多诱惑,如桂冠、权贵时,多想想这些,或许就会活得更潇洒自在,进而就能得到幸福快乐。割断权与利的联系,学会淡泊名利享受,位高不自傲,无官不去争,位低不自卑,有官不去斗。欣然过着自己的生活,享受清心自在的美好时光,就会感受到快乐、惬意的生活。否则,将一生的快乐都毁在争权夺利中,未免愚蠢、不值。

放下名利心，轻松过生活

汲汲营营中忙碌地过着自己的一生，钩心斗角地追求着名利，恐怕你会始终被这些身外之物压得透不过气来。学会放空名利心，学会放下各种烦恼，就能轻轻松松地收获属于自己的那份轻松。

灯红酒绿、五彩缤纷的世界,这是我们一生下来就会面对的。我们会放不下很多东西,我们会在蝇头微利面前言不由衷;我们会在"人比人气死人"的心理下忌妒成恨;我们会因一得而忘乎所以,也会因为一失而灰心丧气;我们会在逢迎拍马中殚精竭虑……"昨怜薄袄寒,今嫌紫蟒长"、"得一千,想一万",人们总是会在这种无休止的欲望中哀叹力不从心,最终陷入心力交瘁的泥潭,无法自拔。看看下边这两则故事:

第一则:一个富翁身负众多财宝,去寻找快乐,却很久都未能找到他想要的,于是沮丧地坐在山道旁。这时,来了一个身负柴草的农夫,富翁拦住农夫问:"虽然,我家财万贯却并不快乐,该怎么才能快乐呢?"农夫放下沉甸甸的柴草说:"很简单,放下!"

听后,富翁茅塞顿开,以前自己总是怕被人抢了,被人偷了,被人害了,因此而郁郁寡欢、整日忧心忡忡,快乐从何而来?于是他把身负的珠宝、钱财救济穷人,当看到被自己救济的穷人欣喜若狂时,他从中尝到了快乐的味道。

第二则:珠穆朗玛峰因为海拔过高,攀登者都需使用氧气袋,然而世界上却有一位不使用氧气登顶的人。此人在下山后,有记者采访问道他何以能不用氧气的秘密时, 他郑重其事地说:"我知道大脑是一个重要的氧气源,我们吸入全部氧气的40%要为大脑中各种思想撞击所用,这是科学家告诉我们的道理。因此在攀越珠峰时,我就只有向前这一个念头,其他的想法我都将其从脑中剔除。因此,我就放下了身上的巨大包袱,单纯的想法使我轻松前行,自然就不需要那么多的氧气了。"

"不以物喜,不以己悲",能够放下名利物欲之心,达到"宠辱不惊,看庭前花开花落;去留无意,望天上云卷云舒"的豁达,做自己心灵的主宰,这才是塑造良好心境的正途。人要使自己的一生变得丰厚,唯有将自己的潜质最充分地发挥出来。

法拉第是英国著名的化学家,他早年间投身到戴维主持的皇家研究所做研究员,开始时他只是做些杂务。因为法拉第在化学领域的勤奋努力、频出成绩，戴维劝导法拉第做行政管理工作。然而，法拉第并未同意，而是继续从事自己的研究，最终在该领域一枝独秀。法拉第很清楚，他曾对周围的朋友说："如果我去从政，我充其量只是别人的幕僚而已，我的潜质告诉我适合从事哪种工作，我不能不珍惜。"正是因为法拉第了解自己、懂得珍惜自己的人生，懂得"放下"，才成就了自己。

快乐从何而来？如果我们利欲熏心，终日陷入你争我夺的境地，整天心事重重，老疑神疑鬼，做梦都半夜惊醒，荫翳不开，就无法快乐。拨开云雾，卸下心灵的枷锁，放下就是快乐，在平平凡凡的生活中，你能体会到一种轻风拂面、畅快淋漓的感动。

其实，在我们生活的周遭，悲剧天天上演，而产生这种悲剧的原因很大程度上就是因为无法放下自己手中的"东西"。像是我们放不下不应该执著的执著，放不下金钱，放不下名利、放不下爱情……然而，当我们领悟到"放下"的道理时，就会有种如释重负的感觉。要想敞开心中的那扇门，就要懂得放下，懂得掌握当下。

《与神为友》是尼尔·唐纳德·沃尔什的著作，书中写道："我不会'抓紧'任何我拥有的东西！我学到的是，当我抓紧什么东西时，我才会失去它，如果我'抓紧'爱，我也许就完全没有爱，如果我'抓紧'金钱，它便毫无价值，想要体验'拥有'任何东西的唯一方法，就是将它'放掉'！"

放空了自我，这是一种心态、一种精神、一种境界、一种品格。当我们放空渺小和卑劣，才能赢得伟大与崇高；当我们放空了自己，才能想着国家和人民。因此，放空是一种幸运、一种智慧、一份轻松。

切莫为追名逐利所役

快乐其实就在生命中不为人注意的某个瞬间、某个角落，如果你能淡泊名利，以平常心看待世界，就会发现快乐其实就在你身边。

司马迁在《史记·货殖列传》中写道："天下熙熙，皆为利来；天下攘攘，皆为利往。"无独有偶，曹雪芹在《红楼梦》的开篇偈语中也写道："人人都说神仙好，唯有功名忘不了。"无数人因追名逐利上演着悲欢离合，如果把名利看得太重，就必然会被名缰利锁束缚。

现实中有不少这样的人，他们精疲力竭、惨淡经营，只因被名利所困。这些人往往把名利当作自己生命的支柱而孜孜追求、如履薄冰、机关算尽、战战兢兢，唯恐一个闪失而丢名失利。也正因为此，未老先衰，弄得自己身心憔悴，承受着非人折磨，他们无法淡泊名利、笑看人生。其实，他们并不真正懂得何谓名利，更不知道如何获得名利，驾驭个人之名利。他们看不清名利，常常将名利颠倒过来看，最终也是得不到名利，甚至走向了反面——被名利所捉弄。因为他们总是见"利"忘"义"。

桐花从年轻时就发誓，将来要住进豪宅，要着装时尚，饰品名牌，吃着山珍海味，有豪车代步，出入有仆人迎送，子女个个出色。20年过去，桐花如自己所愿轿车、豪宅、仆人、美食、子女样样称心。然而，她并不知足，希望

身边的东西能更气派、华丽。她开始做投资，开始将家里的生活品质精致化，开始更加严厉地管教孩子，开始着力于生活中不够理想的地方。本以为这样会高枕无忧，谁知却是噩梦的开始。

她的先生终日埋头苦干于赚钱的事业中，而她就像是住在高级精美的真空罐里；她精心栽培的优秀青年——最为重视的儿子，因一次不如意与父母大吵，潇洒地甩门而出，杳无音信；她最宠爱的小女儿，终未进入桐花满意的音乐系，而是去了毫无出路的中文系，终日做着写文章的作家梦。

小女儿虽然没有离家出走，但是凭着自己毕业后赚的钱，购买自己的所需品或是邀朋友一同外出旅游。虽然也回家，但是完全处于自己的小天地中，唯有还住同一屋檐下，其他无异于离家出走的哥哥。就这样过了几年，一天，女儿一如往常地晚归，看着独坐在客厅沙发上的母亲，通知似地说："我想在6月份结婚。"桐花听后自然惊奇万分，赶忙问是什么样的人？家境如何？……再三追问后只得来女儿简单地回答："是个穷小子，不是爸妈中意的对象，但我不会考虑你们的想法，6月份我就会结婚。"

桐花不希望女儿吃和她一样的苦，让她打消嫁穷小子的念头，告诉她平淡的日子多难过，甚至威胁道：不听话的话就不为他们筹办豪华婚礼。

女儿听后，回房间手持一张空白的结婚证书，来到桐花面前，说道："除了这张纸和一点公证费，请告诉我，结婚还需要什么？"桐花面对此情此景，无言以对。女儿接着开始从头到脚地说着母亲所有昂贵的行头，以及屋里大大小小的摆设和家中的名车："我们难道没有这些就无法过日子吗？要是可以，我宁愿用这些换回爸爸在家的时间，换回你仔细而认真地端详我……"

我们很容易不计代价地将自己投入工作，因为我们认为工作是换取金钱的手段，从而满足生活所需。这原本是很单纯的谋生手段，但是，以过多的奢华来装饰时,就会不单纯、不平实,就可能是以生命中最重要的事物去换取了。这让我们可能伤害到最亲近的人,或是放弃了自己。

　　一个人受多少金钱吸引,就会被金钱掌握多少,就会为金钱遮挡住双眼,从而无法看到金钱以外更重要的东西。于寂然中品味人生的艰辛,保持一颗淡泊名利的平常心,于宁静中净化自己的灵魂,在朴实无华的心境中生活,才不会怨天尤人、牢骚满腹,得意时不轻狂,失意时不沮丧,修炼自己的平常心。对什么事都能拿得起,放得下,在沉迷中变得清醒,在贪求中变得淡泊。

　　一个安详的人,没有抱怨,没有怀疑,没有不满,没有忌妒。他拥有享受的人生,拥有满足带给他的快乐,拥有最真实的快乐。当你淡泊名利时,就会看到别人拥有亿万财富而不忌妒,就会看到别人奢华一生而不羡慕,就会从精神上摆脱物欲的羁绊,就会珍惜拥有的一切,就会懂得欣赏生活中的荣耀、成就和美丽。能够对功名利禄、荣华富贵视为过眼烟云,能够把人生看作一次旅行,成功、失败不过是自己参与的一场观光。

生活本乐，莫被功名所累

能够快活地生活是很多人的梦想，但若为名利的枷锁所困，恐怕就难达成此心愿了。如果想轻松地过完一生一世，就要准确地理解、对待名利，就要能挣脱名利的枷锁，走出自己的道路。

很多人受尽名利之累却不知悔悟，因名利而失去自我，失去所有，最终自己的人生被名利的枷锁禁锢。历史上，我们会看到很多智者在立下了汗马功劳，封为高官后，却不愿受名缰利锁的羁绊，愿意回到过去快乐无拘的田园生活，享受自由自在。这种不用绞尽脑汁算计、谋划的日子，很是恬淡自然、快活。

下边我们来看看一个富翁和渔翁间发生的故事：

在一个风和日丽的中午，一个渔夫悠闲地躺在沙滩上晒太阳，一个富翁恰巧来海边散心，于是好奇地上前攀谈，就产生了如下的一番对话。

富翁："您今天没有出海打鱼？"

渔夫懒懒地答道："已经打回来了。"

富翁："这么好的天气，不该多打一些吗？"

渔夫："吃不了也是浪费，何必多打呢？"

富翁："多余的你可以拿去卖呀！"

渔夫质疑道:"卖了钱干什么?"

富翁:"钱可以让你买更大的船!"

渔夫:"买大船又能怎样?"

富翁:"船大了,您就可以打更多的鱼了。"

渔夫:"更多的鱼会怎样?"

富翁:"当你拥有更多的钱时,你可以买更大的船,建更漂亮的房子,甚至可以不用再打鱼,而是舒服地躺在沙滩上晒太阳。"

渔夫:"你看我现在,不就躺在沙滩上晒太阳吗?"

人生总是会做出很多次选择,比如是名利还是淡泊。无论怎样,都是人的一种选择,都有其本身的原因和意义。法无定法,理无定理,人生万事百态,各有各的所见所感,难以一言以蔽之孰高孰低。不以物喜,不以己悲,淡泊能使人不拘于外物,豁然进退,这是人生追求的至高境界,或可作为衡量的标尺。

有一个人,总是患得患失,做什么都不行,就想着如何摆脱每日困扰自己的烦恼。

一天,此人步行至山脚下,见一个生长着绿油油的草地的牧场,牧场中一个骑着马、吹着笛子的人,逍遥自在地吹着悠扬的曲子。于是,他问这个牧羊人:"看您很是快活,能教教我该如何去除烦恼吗?"牧羊人说:"其实并没有什么,吹吹笛子,骑骑马,何来什么烦恼呀!"此人如法炮制,却并没有使自己解脱。

不久,此人路过一棵大树,看到一个老人在树下乘凉,老人面目慈善,看起来是个智慧的人。为了寻求解脱,他深深地鞠了一个躬,并向老人说明来意,老人笑着应道:"有人捆住你吗?"那人道:"没有!"老人说:"没有人捆住你,何谈解脱呢?做人要有几分淡泊,你若执著,执迷不悟,名和利都是羁

绊,哪有解脱呢?"

人生于世,烦恼和羁绊都是不能舍弃或看得太重而引起的。在为人处世中,名利二字随处可见。只是不要执著,要学会舍弃,就能懂得淡泊的真意。

楚国国王派两位大夫前去请庄子做官,正在濮河边钓鱼的庄子,对于来者头都未回,仍是拿着鱼竿,并对他们说:"我听说楚国有一只死了3000年的神龟,楚王用锦缎包好放在竹匣中并供奉于宗庙的堂上。但是,这只神龟自己是情愿活着在烂泥里摇尾巴呢,还是死去留下骨头让人们珍藏呢?"前来的两位大夫答道:"应当是自由地在烂泥里摇尾巴。"庄子说:"那请回吧!我要在烂泥里摇尾巴。"

名利之外还有更高雅的追求,不要贪婪于名利而不顾其他。对名利的求取也要取之有道,否则就是小人所为。我们应当明确,自己把名利置于人生的何种位置。同时,要洞悉名利之外还有什么,用什么方法、手段来取得名利。既无须刻意淡泊,也不想贪婪于名利,因此顺其自然最好。

声色名利人间事，切不可过贪

　　　　一个人在声色名利上要有个"度"，否则就会误入歧途，不知所踪。

金钱、物质财富或肉体都是贪婪者们追逐的对象。对这些事物的贪婪往往被视为对社会有害，因为这些追逐贪婪的个体往往忽视他人的福利。

具有贪婪性格的人，永远不知足，他们的欲望是个无底洞，他们在无休止中索取。他们会为自己想要的东西不择手段、费尽心机，甚至走向极端，就像是下边这则故事中的骆驼。

一个商人在寒冷的冬季，牵着骆驼过沙漠，时至夜晚，商人支起帐篷睡觉。不料半夜时分，那头骆驼在外面把脸从门帘缝中探了进来，把商人给弄醒了。骆驼说："外面风沙太大，主人，我的眼睛睁不开，能否让我把头伸到帐篷里来？""没问题！"慷慨的主人说。主人挪地方，于是骆驼把自己的头伸到帐篷里来。可没过多久，骆驼又把商人弄醒说："这样待着不舒服，干脆你让我进来半个身体吧！"善良的商人也同意了。然而，一会儿骆驼又开口了："这样站着，会使帐篷的门帘一直开着，害得我们两个都受冻，不如我整个身子进到帐篷里吧！"这次，骆驼不由分说将主人踢出了帐篷，自己进入了帐篷中。

在面对名利时，贪心的人有一个共同特点，那就是不顾一切地去满足

自己的所需，完全忽略了自己的弱点。甚至在危险面前，他们也会无动于衷，茫然不知危险的所在。

相传在希腊，有这样一个国王。他本身非常富有，却终日希望自己更富有，他总是抱着只要自己摸过的东西，就会变成金子的梦想。终于有一天，他得到了一份大礼，实现了他的愿望，即凡是他伸手摸过的物品，就会立刻变成金子。开始，他尝试着伸手触摸家中的每样家具，顿时，屋子变得金碧辉煌。就在这时，他心爱的小女儿跑了过来，国王下意识地拥抱了女儿，女儿立即变成了一尊冰冷的金人了。

故事里的国王为了一点蝇头小利，贪得无厌，失去清醒的头脑，失去生命中真正宝贵的东西。

贪欲就如同一把干草，一旦点燃，就会愈烧愈大，再借着风势很快就会烧到手腕，再不放开就会祸及自身；贪欲就如同锁链，一个牵着一个，永不能满足。淡泊，会使人懂得舍弃，做到超脱红尘的诱惑以及世俗的困扰。豁达地面对得与失，平淡地看待世间万象，纵使万物入境，仍能淡泊地不染尘埃。淡泊是守住自己的心，而贪欲是抓住别人的手。

在生活中，整日被忧郁、烦恼、焦躁困扰，使得我们无法心胸开阔，结果为痛苦所占据。贪欲本身含有极大的危险性，同时还会给我们带来诸多痛苦与失望。

个人名利在有些人看来，是相当重要的东西，因为他们认为这能反映很多个人"实际问题"。很多时候单位的人际关系紧张，其实都根源于名利之争。平时很多人都将名利看得很淡，可是一旦到了升职加薪的时候，就忍不住还要去争一争。正所谓"看得破，忍不过；想得到，做不来"。遇到这种情形时，我们该怎样办呢？

第一，信仰至上。一个人如果心中没有远大的目标，就会无所追求，就会为眼前小利所扰。要淡泊名利,但要有肯于为之奉献、为之牺牲、为之无私的东西。计较得失、看重名利,有时并非是物质生活所需,而是虚荣心作祟,结果就会看重眼前的名利,失去远大的目标。

第二,控制物欲。追求名利主要是为了满足欲望,并非人生追求的最终目的。因此,必须从根本入手,要控制住自己的物欲才能真正淡泊名利、无私奉献。人常说"世上莫如人欲险"。如果总想高消费,抵御不了各种诱惑,渴望过上等人的生活,那就必然会去争,这时就有可能走上违法犯罪的道路。一个人的物欲越弱,就容易淡泊功名,而物欲越强就名利思想越重,就难达到"人到无求品自高"的境界。

第三,不攀比。很多人并非出于自己所需,而是因比较产生的计较,他们往往因此产生挫折感、失落感、不公平感。因此,必须学会正确比较,要学会淡泊名利。

名可以带来利,利可以带来烦恼。人活在世上,难免与这二者打交道。但是,过重的名利会给人带来无穷的烦恼。对我们每一个人来说,树立正确的名利观是十分必要的。

热热闹闹名利场，平平淡淡才是真

大多数人都追求真真实实地做人，回归平淡已经成为一种
社会心态。踏踏实实做事，回归平凡、淡雅的现实生活已经成为
一种生活境界和时尚。

人的一生是崎岖不平的，需要铲除障碍，用自己的才华翻越高山险
川。生活本身很平淡，因此首先应该树立：一生中的大部分时间要在平
淡中度过的观念。应当在平淡的生活中提高自身的修养和质量；在这平
淡中实实在在地生活，实实在在地感受幸福；在平淡生活中，懂得浇灌
和品味柴米油盐的日子；在平淡生活中，享受阳光的照耀，雨水的滋润，
体味恬静、诗情画意的温馨与浪漫。

王茜是一名平凡的公交总公司的公汽售票员，她自20世纪80年代参
加工作以来，在平凡的岗位上，十几年如一日，始终把"全心全意为人民服
务"当做自己的座右铭，热情真诚地为乘客服务，她为外地人当向导、为盲
人指路、为老人做拐杖，她是乘客们的贴心人。

虽然乘务员是个平凡的岗位，但是王茜却能针对不同的乘客、不同的
需求给予个性化的帮助。对于匆匆忙忙的"上班族"，王茜尽量让他们在早
高峰时能上上车；对于行动不便的老幼病残孕，王茜主要是保障他们不被
摔、磕、碰；对于外地乘客，王茜主要是保障他们没有上错车，并且在正确的

站下车带好自己的行李;对于天性活泼的中小学生,王茜则是要提醒他们在车上尽量安静、维护公共秩序,还要提醒他们下车后注意交通安全。

在车厢中,王茜还准备了一些小坐垫,以备车上人多,一时找不到座位时可以为抱小孩或是老年人来坐。

像王茜这样的工作,看起来很简单,甚至有些乏味,而这份工作难也就难在了太简单、太平凡、太琐碎之中。能让各种各样的乘客们满意并不是件易事,还要是在一个天长日久中坚持如一就更是很难。这种工作需要真心为宾客服务,尽量细致地为乘客服务周全。虽然不需要什么豪言壮语、惊人之举,但却需要朴实诚心。无须奢华的表现,但求朴实的勤恳劳动。

兰芳在一家洗衣店打工,整日从事着收衣服、洗理衣物、通知收送等工作。看似程序化的单调工作,兰芳却乐在其中。她很随遇而安,整日兢兢业业地做着本职工作。同时,她还善于在工作中发现问题,并开动脑筋解决。她把工作流程拍成了宣传画,让顾客们清晰明白地了解自己接受的服务,放心地将衣物送到店里清洁。她还深入学习清洗剂,在反复实践中改良提出了一套更加高效的清洁流程。

我们面对的工作、生活大多平实,好高骛远只能是一事无成。

大多数人在大多数的时间里都处于平淡的生活状态当中。在这种状态中,老师在课堂上教书、工人去车间里干活、职员在电脑前工作、农民去田地里干活……这些都是生活的常态。而人生一大幸事就是能够坦诚接受、尽情地享受这份难得的平淡时光、平淡的现实。当你能很好地抓住这种平淡,就会为你的成功创造更多的机会。简单、平和也是一种幸福。

淡漠功名，去留无意

功名利禄身后事，在生活中我们陷入功名争斗之中，其实不过是未看清其价值而为其所苦。想想看，这些都是身外之物，身后之事，我们何苦陷入其中而无法自拔？

在历史的篇章中，在岁月的长河里，那些具有伟大的功绩、崇高的人格者都会被人视作伟人，使人类牢牢记住他们的名字。他们超越常人，具有深刻而崇高的思想与风范气质，具有深邃的目光能望及众人难以企及的高度。他们就如同是夜空中璀璨的群星，在人类的社会中闪烁着神圣、耀眼的光芒。

熟悉美国历史的人或许对乔治·华盛顿这个名字并不陌生。他是一个被无数人景仰，并赫然载入史册的伟人。华盛顿在孩提时就以其正直诚实、办事极为公道、在孩子中他总是不二的领导者等这些特点而有别于其他孩子。这在很大程度上是受其修养极好的父亲影响。他渴望着自己有朝一日能成为威风凛凛、驰骋疆场的勇敢军人以报效国家和人民。

1748 年，华盛顿 19 岁，由于英法两国为了争夺在北美的领地和利益而发生冲突，这为一心想当军人的华盛顿提供了很好的机会。在数年的战争中，华盛顿有忍耐力、有魄力、处世谨慎，又富有进取精神。几乎是每次战斗中，他都骑着自己的白马首当其冲，这也为他赢得了身边人的崇拜和信任。

美国独立战争胜利后,社会急需一位能够支撑大局的人物来主持政府工作。在众人眼中,华盛顿就是当仁不让的最佳人选。当时甚至有军官上书要求他做领袖。华盛顿自身并不对名利动心,他追求的是得到广大人民的尊敬,他从不将自己视为一个荣誉重于生命的人。因此,在大陆会议索要独立自主的权力时,华盛顿多次重申,战争结束他就化剑为犁、解甲归田。他不愿使美国在经历了殖民统治之后,又为皇冠之斗而陷入内战之中。

1783年3月下旬,和平如期而至,英美签署和平协议。历时8年的北美独立战争在4月19日宣告结束。当时51岁的华盛顿辞去军职,告别部队。当然,在面对昔日出生入死的战友时,他难免热泪盈眶、激动不已,整个送别会上,他一句话也没有说,只是潸然泪下地离去。在费城,华盛顿与财政部的审计人员一起核查战争中自己的开支情况。他的账目清楚而准确,还有部分支出是来自于华盛顿自己的补贴。

辞职后的华盛顿回到了自己的农场,自己的家中,过上了平静的生活。

华盛顿的辞职确实是一个影响深远的事例。对于一个能随其心愿担任任何职务的人而言,能够主动放弃权力,不得不让人惊奇而不可思议。

人的一生,无过于短短几十年,我们终将会面对连生命都不得不放弃的一天,如此说来我们就应该看得开些。一味追求的人往往比懂得放弃的人得到更少的东西,而且也会少有放松和快乐。为官为民,有钱没钱,人生的路都很宽,每个人虽有不同的活法,但都可以品尝到生活的滋味。正所谓,富有富的悲,穷有穷的喜,民有民的乐,官有官的忧。环境在变,人也在变,因此处心积虑地去追求并非明智之举。

人们往往会在经历磨难、挫折后,得到精神上的升华,得到心灵上的感悟。"宠辱不惊,去留无意",这在红尘多姿、世界多彩的现实中其实很难做到。然而,名利皆你我所欲,不悲不喜、不惧不忧是很难做到的。否则,我们

就不会听到那些失意落魄、心灰意冷、穷尽一生追名逐利的故事了。宠辱不惊、去留无意这是我们每个人应当努力修养的方向，唯有如此，方能心态平和、恬然自得，也才能够达观进取，笑看人生。

第5章

荣辱平常心
——虚荣不可贪慕，耻辱切莫自取

我们行走于世，荣辱总会相伴左右，在荣誉面前不要贪婪，在耻辱面前也不要"迎头而上"。这就需要好的心态——平常心。唯有保持着平常心，我们才能够智慧地、从容地面对荣辱。也不会在荣辱面前乱了阵脚，而会章法得当、进退自如。

放空了心灵，才能容得下荣辱

心灵的空间也需要定时地打扫，否则就会因为落满尘埃而变得黯然无色。对自己心灵的清理，实际是放空心灵，清空心灵，这样心灵才有空间容得下成败得失。

荣辱、爱恨、功名、利禄、成败、苦乐、死亡、恐惧、祸福，等等，这些是我们每一个生活于世的人都会经历的。它们在某些时候就是我们渴望超越自我的原动力。但是，一旦执著于此，不免会给自己前进道路上带来沉重的负担。

我们每天都要经历很多事情，无论自己是否开心，事情都会发生，都会在你的心里安家落户。倘若心里事变得杂乱无序，那痛苦的情绪、不悦的记忆就会充斥在心里，心就会变得更加烦乱，甚至会使人委靡不振。因此，对于心灵的清理是很有必要的，当心变得亮堂，很多事物也就会清楚许多，那些无谓的担忧、痛苦也就随之消逝。

宋朝的吕蒙正，第一次上朝时，就被人大声讥讽道："如此相貌的人，居然也能入朝为相啊？"吕蒙正虽然觉得刺耳，但却装作没有听见，继续往前走。当时他后边的几个官员却为他鸣不平，拉住他的衣角，想要帮他查查到底是谁竟然在朝堂上如此大胆地讽刺刚上任的宰相。吕蒙正劝说众人道："谢谢大家的好意。还是不知道为好，否则知道了，一生都可能放不下此事，往后还怎么办事?"

在纷繁复杂的情势中廓清迷雾，放下自己多余的欲望和冲动，少一些执著，才能以一种优游自在的心态认清前进的路径，才能涵泳于当下的要务，才能不至于患得患失，随波逐流，才能够精神恬然自足。借由"放下"而得到优化和升华，一个人需要管理好自己的学习成长、心性修养、日常生活和职业生涯。在这瞬息万变的社会中，充满了失败的可能，也充满了成功的机遇。我们只有把每一次失败都视为成功的垫脚石，有所领悟、有所提高，才能从自卑过渡到自信，才能够化消极为积极，从失意走向如意。失败是一种负面情绪，失意、沮丧、自卑的心理往往是一个人经历失败后产生的情绪。如果能够积极乐观地面对工作和生活中的每一个沟沟坎坎，提高心理承受能力，就会豁然开朗许多。

一位战功赫赫的将军，在一次胜战后国王赐给了他一个宝杯，他爱不释手，时常把玩。一次不小心杯子从手里掉了下来，幸运的是他身手敏捷接住了宝杯，却也惊出一身冷汗。事后将军自感惭愧，他想：我戎马一生，战场上生死以对时，也未曾有过如此胆战心惊，乃因不惜身家性命故也。但现如今却为这么一个杯子担惊受怕，恐是太爱惜这个杯子罢了。想到这儿，他豁然开朗，断然将杯子扔掉了，从此不为杯子担心。

回想一下自己，如果你是把所拥有的、所祈求的东西，如世人般视为"宝杯"，就会因此无法割舍，同时也就对自身的真实存在和价值视而不见。若能除去心中执著，破除心头迷幻，就会彻悟此番道理，便能真正"放下"。否则，就会因无法自在、庸庸碌碌，甚至成为世间惨象的主角，沦为他人的奴隶。

一个装满水的杯子很难接纳新东西，这就是空杯心态的最直接含义。如果我们能不时地将心里的"杯子"倒空，将曾经的辉煌、在乎、重视的东西重

新审视，丢掉无谓之事，就会将心放空很多。进而就可以放手，才能拥有更大的成功。做事的前提是先要有好心态，先要把自己想象成"一个空着的杯子"，我们才会学到很多，才不会因盲目自满、自傲而错过，这就是空杯心态的意义。

当你失败的时候，或许很难看到自己的价值，甚至产生排斥自己的心理；当你很成功的时候，往往更容易接纳自己。其实，真英雄、真好汉是要在失败时更加承认自己的，失败是催生灵魂真正的智慧。不要狭隘地只是汲取教训、下一次非成功不可，而是要用更宽阔的智慧及更包容的爱来告诉自己，我是有自身价值的。如此想来，你就会在失败中也接纳自己的过失，你也就因此永远不会被失败击倒。

船只在大海上航行，一个人坐在轮船甲板上看报纸，忽然来了一阵大风，把他新买的帽子刮落大海中，那人摸了摸头，看着飞去的帽子，又继续看起报纸来。与他同坐的人，大惑不解："先生，您的帽子被刮入大海了！"那人答道："知道了，谢谢。"于是继续读报。"看您的帽子应当很贵，怎么也值几十美元呢！"读报者答道："是的，我很心疼，但是帽子已然丢了就不会回来了。"说完又继续看起报纸来。

一个能够接纳自己失败的人，往往也就离真正的成功不远了。关键就在于"接纳"。一旦能充满爱心地接纳自己的愚昧、失败、错误，也就会诚心诚意地接纳周遭的人，你就不会看起来假惺惺，而是会用自己愈来愈大、愈来愈真实的力量去感染着周围的人了。

宠辱不惊，闲看庭前花开花落

有一种自我陶醉与自我折磨就是太在意外界对自己的荣辱。所谓的宠辱，在很多时候是心灵对外界错误的感应。我们对外界的正确感应应当是取决于你的承受能力——不但能够重重地托起还可以轻轻地放下。

宠辱不惊，看庭前花开花落；去留无意，望天空云卷云舒。这是《幽窗小记》中的一副著名的对联。"看庭前"单这三字，就有种躲进小楼成一统，管他春夏与秋冬。"望天空"3 字又显示出作者不与他人一般见识的博大情怀，显示出其广阔的眼光。"云卷云舒"则表现出其能屈能伸的崇高境。寥寥数语的一副对联，蕴涵着对名对利、对事对物的深刻人生道理与态度。宠辱不惊，得之不喜；去留无意，失之不忧，如果具有平和的心境，自然就能够如此从事了。

"庆历新政"的代表人物，即北宋著名政治家范仲淹。他一生始终遵循着"先天下之忧而忧，后天下之乐而乐"的人生宗旨。即使在他被谪居邓州之时，也能"心旷神怡，宠辱皆忘，把酒临风，其喜洋洋"，这是如何广阔的胸怀啊！自尊自强、淡泊名利、洒脱机智这就是我们可以从范老夫子的话中读出的意味，窥见的人格魅力。

弱点或是失败往往会引起一个人的沮丧，甚至是消极的情绪。一个个

外物的离开，会引得我们陷入失败、失利、失望……这会使得我们难以做到不以己悲。东西没有了，只是一个事实而已，不能说明太多。而我们要继续生活，要继续向前走。

　　一门人类生活当中的艺术就是宠辱不惊，这更是一种明智的处世智慧。生活当中有荣有辱，有褒有贬，有毁有誉，这都不足为奇，因为是人生的寻常际遇。古人云："君子坦荡荡。"君子之所以能够如此，就在于辱亦坦然、宠亦坦然，豁达大度，凡事一笑置之。"贺者在门，吊者在闾"，得人宠信时勿轻狂，受人侮辱时切忌激愤。如此清醒地生活，才能达到"不以物喜，不以己悲"的思想境界。从容地面对生活和事业的种种考验与磨难，这是实现人生理想中必要的经历。古往今来万千事实证明，有所成就的人多具有"宠辱不惊"的可贵品格。

　　美国的实业家菲尔德在 19 世纪的中叶，率领他的船员和工程师们，利用海底电缆将"欧美两个大陆链接起来"。菲尔德因此成为美国最光荣、最受尊敬的英雄，并被誉为"两个世界的统一者"。

　　由于技术故障，刚接通的电缆传送信号中断，顷刻之间菲尔德又成为众矢之的，从人们的赞词颂语中到愤怒的谩骂指责。面对如此悬殊的宠辱逆差，菲尔德仍旧一如既往地坚持自己的事业，泰然自若地面对每天的生活。

　　宠也自然，辱也自在，在经过 6 年努力后，海底的电缆最终成功地链接了欧美大陆。菲尔德正是因其勇往直前，才获得否极泰来的结果。

　　不必因上司的一个脸色"口将言而嗫嚅"；也不要因老板的一个眼神"足将进而趑趄"，我们不必把别人的态度太当作一回事。因失宠于某人而自暴自弃，或是受辱于人而自怨自艾，其实这是自己目光太短浅，其实是胸怀太狭隘，如若做出过激的极端的举动更是愚行。为人处世，放得下、想得开、拿得起，人的精神天地才能够开阔浩渺、生机勃发、气象万千、情趣盎然。

人生不如意事十有八九，出生为人，不可避免的遭遇得失、荣辱、坎坷曲折、艰难困苦。如果没有心静如水的定力，总是患得患失、心生浮躁，因为得到了一些物质的财富就欢天喜地；因为失去一些东西就痛哭流涕，情绪一落千丈，那该如何感受到生命的乐趣？恐怕人生的大半都会在悲观的心情中吧。

一个人的人生如果是一个私欲不断产生的人生，这个人的人生就是不懂得节欲、"心为形所累"的悲剧人生。"不以物喜，不以己悲"是一种中国传统文化思想的高境界。如果你的欲望变大，那么生活的压力自然就会随之增大。因此少一点欲望，就会多一分轻松与洒脱。

挑战自己是最坚强的品质

如何看待自己、认识自己是一个复杂的事情。其实最直接、最重要的挑战是对自我的挑战。

莎士比亚曾说："假使我们自己将自己比做泥土，那就真要成为别人践踏的东西了。"自然环境、社会环境、家庭环境中的困难是人的一生中总是要适应及克服的。因此从生到死的生命过程，有人形容其为战场一般，勇者胜而懦者败，我们遭遇的许多人、事、物都可能是战斗的对象。

其实，重要的是你是否肯定自己，不要过分注重别人的看法，因为这并

非是要关注的焦点，重点是在别人打败你之前你是否先输给了自己。很多人失败，正是自己输给了自己，而不是输给别人。其实世界上并没有真正的敌人，除了你自己。

这是一个真实的故事。

罗伯特·菲力浦是美国个性分析的专家，一天，他在办公室中接待了一个因企业倒闭而负债累累的流浪者。

流浪汉十来天未刮的胡须、茫然的眼神、沮丧的心态，还夹杂着一些紧张感，这就是罗伯特对眼前这个人的印象。专家罗伯特想了想，说："虽然我没有办法帮助你，但你愿意的话，我倒是可以引荐一位本大楼的人，或许他能够协助你东山再起，帮助你赚回你所损失的钱。"

罗伯特刚说完，那人抓住罗伯特的手，立刻跳了起来，说道："请带我去见这个人！"

罗伯特带他站在一块看来像是挂在门口的窗帘布前面。等那人站好了，罗伯特将窗帘拉开，露出一面高大的镜子，在镜子中正显露出流浪汉的形象。罗伯特指着镜子说："就是这个人。你觉得你失败了，在这世界上，只要不是输给自己，就一定能够东山再起。输给了外部环境或者别人并没有什么。"

流浪者望着镜子里的自己，从头到脚打量了几分钟，然后后退几步，他摸摸自己长满胡须的脸孔，低下头，哭泣起来。

数月后，罗伯特在街上又碰到了这个流浪汉，但是他已经头抬得高高的，西装革履，步伐轻快有力，原先那个紧张、衰老、不安的姿态已经消失不见了。最后，他成为了芝加哥的富翁。

人生在世，要战胜自己很不简单，就像故事中的主人公一样。失意时，人们很容易自暴自弃，而得意时又难免得意忘形；落魄时觉得没有人比自己更倒霉，为人看重时又成功得忘乎所以。不受生死存亡、成败得失的左右，唯有心灵自由，不为有形无形的情况所影响、身体不受束缚方能战胜自己。

当然，在人的一生中，我们不得不承认，每个人都是有弱点的。凡事都要比别人强，想战胜别人、超越别人，其实我们首先应当战胜自己。

当我们想和别人和谐相处时，却战胜不了自己的自私与偏见；当我们想努力学习、努力工作时，却战胜不了自己的散漫和懒惰；当我们想谦虚待人时，却战胜不了自己的自负与骄傲……战胜了固执，才会有协调；战胜了偏见，才会有客观；战胜了自私，才会有大度；战胜了懒惰，才会有勤奋；战胜了狭隘，才会有宽容。

美国著名心理学教授丹尼斯·维特莱这样总结：或是封闭成功之门的铁锁或是打开成功之门的钥匙，全在于有无良好的精神准备。因为，最强大的敌人不是别人，而是自己。

自己肯定自己，是一种意志的胜利；自己控制自己，是一种理智的成功；自己超越自己，是一种人生的成熟；自己征服自己，是一种灵魂深处的提升；自己创造自己，是一种人生境界的升华。

创造自己、超越自己、肯定自己、征服自己、控制自己，当你能如此去做，就具备了足够的力量去很好地工作生活，战胜一切艰难、一切挫折、一切不幸。

第 *6* 章

成败平常心
——人生没有绝对的输赢

世间之事无绝对，没有极端，因此成功与失败也没有绝对可言。成功中包含有失败的因素，失败中孕育着成功的萌芽。如此看来，成功也罢，失败也好，都要坦然看待，都要以平常心来面对，因为事物总是在转变之中的。正确地看待，从中收获对自己有益的经验、成败的经历才是有价值的。

成败转化，事无绝对

"不会从失败中寻找教训的人，他们的成功之路是遥远的。"这是拿破仑的至理名言。中国古代也有"吃一堑，长一智"的说法，这些都告诉我们，一次失败意味着又向前迈进了一步，也就意味着你的成功之路少了一个弯路。只要能从一次次的失败中吸取教训，成功才能在一次次的失败累积中离你越来越近。总结得失，成功也仅是一步之遥！

失败乃成功之母，生活中有成功就有失败，失败、挫折是通向成功必缴的学费，失败不一定意味着你就是一个失败者。世界上没有免费的午餐，我们学习任何知识都会交学费，不然何来得老师愿意教给你知识？所以失败并不可怕，它能使我们知道自己的缺点，能够清楚地说明我们哪些地方需要改进，然后加以改善，就为成功奠定了基础。因此，微笑面对失败、正确对待失败，而不要灰心丧气、一蹶不振，要从失败中吸取经验，总结得失。古今中外，凡是真正的大智慧，往往产生于失败的教训。大多数成功者可贵的是他们的勇气，可贵的是他们的失败经历。巴尔扎克说："世界上的事情永远不是绝对的，结果因人而异，苦难对于天才是一块垫脚石，对能干的人是一笔财富，对于弱者是一个万丈深渊。" 我们要在失败中吸取经验教训，体会方法。就像马克·吐温经商失意，没有被失败打倒，而是弃商从文，结果一举成名。在不断地反思中,我们会变得成熟、成功。下边我们一起来看看爱迪生发明电灯的过程,他是如何在一次次的失败后成功的。

英国的科学家戴维和法拉第在 1821 年就发明了一种叫电弧灯的电灯。这种电灯光线刺眼,耗电量大,因为是用炭棒做灯丝,虽然能发光,但是寿命不长,因此很不实用。

于是爱迪生暗下决心:为了能让千家万户都用得上,一定要发明一种灯光柔和的电灯,并非电弧灯。于是,他开始了漫长的试验工作。起初,他用传统的炭条、钌、铬等金属做灯丝,但都是一通电灯丝就断了。即使用白金丝做灯丝,效果也不理想。

就这样,试验了 1600 多种材料,爱迪生以极大的毅力和耐心一次次地试验,一次次地失败,这期间英国一些著名专家都在讥讽爱迪生的研究,说他是"在干一件蠢事",在做"毫无意义的事"。就在很多专家认为电灯的前途黯淡时,就在媒体也说"爱迪生的理想已成泡影"时,爱迪生没有退却,面对失败,面对有些人的冷嘲热讽,他都坚信自己的事业,都觉得自己是在不断向成功靠近。

麦肯基是爱迪生的好友,在看到朋友玩命地工作时,他忧心忡忡地说:"伙计,你可别累坏了身体!"爱迪生望着麦肯基说话时晃动的胡须,忽然眼睛一亮,说:"我要用您的胡子。"于是,麦肯基剪下一绺递给了爱迪生。当时爱迪生是想挑选几根粗胡子,进行炭化处理,说不定就能成为灯丝使用。但试验结果仍然不理想。麦肯基说:"要不试试我的头发?"爱迪生被老朋友的支持感动,但他明白头发与胡须性质一样,于是就没再试验了。就当老友要走时,爱迪生下意识地帮麦肯基拉平身上穿的棉线外套。突然心想:可以拿棉线试验试验啊。麦肯基毫不犹豫撕下一片棉线织成的布。爱迪生将棉线经过炭化处理后,再取出来,小心翼翼地用镊子夹住炭化棉线,装到灯泡

内。爱迪生的助手把灯泡里的空气抽走，然后封上口，并将灯泡安在灯座上。准备就绪，大家静静地等待着结果。通了电，实验室充满着灯泡发出金黄色的光辉之中，爱迪生和他的助手们无比兴奋，要知道这是他们艰苦奋斗13个月，试用了6000多种材料，经历了7000多次失败后的突破性进展。

正当欢呼之时，爱迪生又在琢磨着：灯泡究竟会亮多久呢？于是，他们开始聚精会神地注视着灯泡：1小时，2小时，3小时……这盏电灯直到第45小时，才因灯丝烧断而熄灭。从此，1879年10月21日，人类第一盏有实用价值的电灯诞生，这个日子随后也就被人们定为电灯发明日。

爱迪生没有陶醉于成功的喜悦之中，他认为：45小时还是太短，应当发明具有几百小时，甚至几千小时的电灯。

因此，他又开始试验，在棉丝试验成功的启发，开始用椰子鬃、麻绳等试验，但结果都不尽如人意。

一天，爱迪生满头大汗正在用竹扇扇风解热时，心中想着：或许竹丝炭化后效果更好。此时的爱迪生完全沉迷于试验之中，见到什么东西都想试一试。结果表明，竹丝做灯丝效果更好，可亮1200个小时。

经过进一步试验，日本竹丝最终成为爱迪生制作灯丝的最佳材料。于是，他开始大批量生产电灯。最早灯泡是被安装在"佳内特号"考察船上，这样有利于考察者有更多的工作时间。慢慢地电灯开始进入寻常百姓家。

后来，人们一直使用竹丝做灯丝的灯泡，直到几十年后，才将其改进为用钨丝的，同时在灯泡内充入惰性气体氮或氩，以便使灯泡的寿命更加持久。

爱迪生从每一次失败中吸取经验，面对失败，没有灰心气馁，而是微笑面对，最终成功地发明了电灯。

失败是人生的熔炉,正所谓百炼成精钢,但是在熔炉中有的烤为焦炭,有的则更加坚强、自信。失败是经受风霜的玫瑰,是一道靓丽的风景线;失败是枫叶,虽然被秋风扫落,却被热血渲染;失败是遭受台风的果园,虽令人无奈却也留下一地硕果。失败是成功前的汹涌的浪涛,是成功路上的层层山峦,是一道道沟坎。因此,未曾失败的人恐怕也未曾成功过。

凡事坦然面对,聪明的人敢于认输

聪明勇敢的人敢于认输,因为他们清楚地知道人生本来就有输有赢。条条大路通罗马,只要输得明白,虽败犹荣,也只有服输才能有机会赢得最终的胜利。吸取经验甘于认输就是成功的开始,当下的输并不代表着结束,而是通往成功的开始。

电影《梦想成真》中有这样一句台词:"有时你认为自己输了,其实你赢了……"人们很多时候都是在输赢之间徘徊,但不同的人看法自然不一致,虽然我们都抱着希望赢的信念。正所谓"横看成岭侧成峰,远近高低各不同",不同的角度自然各异,这次的服输其实是胜利的开始。

遇到各种各样的难题,在漫长的人生旅程中是在所难免的;每个人都要经历各种各样的挫折,只是有些问题是我们解决不了的,有些问题是我们可以解决的。只是要承认自己的优势和弱点,就像是你再拼命练习,或许都不会比刘翔跑得快;只要能依据自身的条件适时放弃、正确选择,走好人

生每一步棋，就能把握好自己的命运。总有人会比我们强，不要对自己太过苛责，即使是那些看起来最有自信的人，其实在内心深处也有自己的不足。

人毕竟各有所长，正如孔子曰："三人行，必有我师焉。"每个人都可能在某些方面不如人，择其不善者改之，择其善者从之即可。要敢于认识自己的不足，坦诚自我。

其实，清醒认识自己与别人的差距，需要坦然地面对别人比自己强，这才能让自己做得更好，才能摆脱心灵的苦痛。其实，这种对自己不足的承认，是一种自信的表现方式。合理地扬长避短才是出路，清醒地认识自己的短处才会使人生更完美。

罗慕洛曾长期担任菲律宾外长，他穿上鞋时身高也不过1.63米。年轻时，他对自己的身材很是自惭形秽，穿过高跟鞋，但却令他不舒服，精神上的不舒服。

后来，他感到自欺欺人，就把高跟鞋扔了。在自己取得许多成就后，他发现这些与"矮"并无关系，甚至是矮促使他成功。于是他说："但愿我生生世世都做矮子。"

罗慕洛在1935年不为美国人知的情况下，应邀到圣母大学接受荣誉学位，并且发表演讲。事后，高大的罗斯福总统笑吟吟地怪罗慕洛"抢了美国总统的风头"。1945年，罗慕洛以菲律宾代表团团长身份，在联合国创立会议上发表演说。尴尬的是讲台差不多和他一般高，当大家都静下来时，罗慕洛庄严地说："我们就把这个会场当作最后的战场吧。"全场一片寂然，随后爆发出一阵掌声。最后，他以"维护尊严、言辞和思想比枪炮更有力量……唯一牢不可破的防线是互助互谅的防线"结束了当天的演讲，场下报以热烈的掌声。后来，他分析道：菲律宾那时离独立还有一年，如果大个子说这番话，听众可能客客气气地鼓一下掌，但因自己是一个矮子，才会得到如此意想不到的效果。从此菲律宾在联合国中就被各国当作资格十足的国家了。

人只能在一两个领域把你的潜能和优势尽情地发挥出来,虽然从大方面来说,大家有各种潜能和优势,可这并不意味着人的所有的潜能都可以被发挥出来。每个人的时间和精力都是有限的,你在你无暇顾及的方面,一定比不了那一领域的专家。与其花太多的心血在自己不擅长的领域,不如选择适合自己的工作和生活。

有一只山羊,本来想去菜园里吃点白菜,但由于被初升的太阳照出高大的影子,就误认为自己身体很高,便转念去山上吃树叶了。可是,当它兴冲冲地跑到山中大树旁时,已是中午时分,太阳照在头顶上,自己的影子特别小。这时的山羊觉得一定是太阳错了,因为早上自己明明很高大。于是它坚持吃树叶,但无论它如何跳跃,都够不着一片树叶。当一阵风吹来,树叶飘落了些许,它才勉强吃到几片树叶。就是如此,山羊仍认为自己吃到树叶,身形高大。

其实,我们中的很多人就像这只山羊一样,被一些不真实的现象所迷惑,并未看清楚自己,准确地把握自己的优缺点。如果不能承认自己的不足,无意中选择了错误的路径,请不要像山羊那样执迷不悟,请尽快放弃,重新寻找出路。最佳的生活路径,才是成功与失败的关键。

人无完人,月有圆缺,用一种平和的心态去欣赏别人,不要总是事事与人比,这是一种品格修养上的境界。尽力做好自己力所能及的事,要有一个好的心态,这才是最明智的。

输了,不意味着你永远不会成功;输了,不意味着你比别人差;输了,不意味着你到了人生的终点。敢于拼搏,失败的终点往往是成功的起点;敢于正视,你一定会采摘到成功的鲜花。

正视失败就是善待人生

> 失败充斥着我们的生活，客观地存在于我们的人生之中，我们不能回避，只能面对。因此，正确地面对失败就是在善待自己的人生。

美国《生活》周刊曾评选了过去 1000 年中，最有影响力的 100 位人物，位居第一位的是托马斯·阿尔瓦·爱迪生。

爱迪生的"学历"是一生只上过 3 个月的小学，他出身低微，在学校里也不受老师的喜欢，曾经有老师当着他母亲的面说他是个傻瓜，将来不会有什么出息，而他提出的古怪问题也使得很多老师瞠目结舌、不知所措。面对这样的情境，母亲一气之下让爱迪生退学，打算自己教育孩子。在母亲的指导下，爱迪生的天资得以充分地展露，他阅读了大量的书籍，并在家中自己建了一个小实验室。当然，为筹措实验室的必要开支，年纪还小的他就当起了报童卖报纸。经过一番努力，爱迪生用积攒的钱在火车的行李车厢建个小实验室，并开始了他的化学实验研究。然而，好景不长，一次因为化学药品起火，爱迪生的实验室——那个车厢被烧掉。暴怒的行李员气愤地将他实验室中的设备都扔下车去，还打了他几记耳光，最终爱迪生成了聋子。

爱迪生在他结婚的那一天，也因工作而忘记了新娘子，让妻子玛丽小姐在洞房中空等了一夜。

爱迪生凭个人奋斗和非凡才智获得了巨大成功，尽管他并未受过良好的学校教育。仅从1869年到1901年，就取得了1328项发明专利，爱迪生是名不虚传的伟大的发明家和企业家。他以坚韧不拔的毅力克服了数不清的困难，并以罕有的热情和精力从千万次的失败中站了起来。他被誉为"发明大王"，因为在他的一生中，平均每15天就有一项新发明。

爱迪生在研制电灯时，就有记者对他说："倘若您成功地造出电灯来取代煤气灯，那您一定会大赚一笔。"爱迪生回答说："工作并不仅为金钱，否则他就很难得到一点别的东西——甚或是金钱！"由此可见，爱迪生淡泊名利可见一斑。我们都知道，爱迪生被称为现代电影之父，然而在电影界人士为他庆贺77岁寿辰时，他却说："我只是在技术上出了点力，对于电影的发展别人的功劳远大于我。"

针对自己的耳聋不便，爱迪生善处逆境并有开阔的胸襟。他说："走在百老汇的人群中，我可以像幽居森林深处的人那样平静。耳聋从来就是我的福气，它使我免去了许多干扰和精神痛苦。"

1914年12月一场大火在爱迪生的研制工厂中发生，价值近百万美元的财产在一夜之间化为乌有。爱迪生安慰伤心至极的妻子说："不要紧，我并不老，虽然已经67岁了，从明天早晨起，一切都将重新开始。灾祸也能给人带来价值，没有一个人会老得不能重新开始工作的。大火烧掉的是所有的错误，现在我们又可以一切重新开始。"火灾对爱迪生就像是一段小小的插曲。第二天，爱迪生不但开始动工建造新车间，而且还为消防队员在黑暗中前进发明了新的照明工具——便携式探照灯。

爱迪生一生之中发明众多，被誉为科学界的"拿破仑"，在他84岁的生命历程中发明无数，同时也失败无数。而他对于自己成功的原因，这样总结道："失败是一种人生体验，要学会坦然地面对它。"爱迪生一直秉持着一个重要的人生原则：几乎每一种结局（无论是好的，还是坏的）都受我们对之所持态度的影响。

大悲大喜能清洗人的心灵；大风大浪能显示人的能力；大羞大耻能洗涤人的灵魂；大起大落能磨炼人的意志。每个成功的故事里都写满了辛酸失败。人生在世，不可能一帆风顺。敢于正视失败，不迷惑，不脆弱，不退缩，不消沉，才能有成功的希望。

害怕失败，乃庸人自扰

无论陷入怎样的逆境，每一个明天都是希望，都不应该绝望。乐观的人，会认为前面有许多个明天，他们不会绝望，甚至会在绝望时仍然满怀希望；悲观的人，处处觉得绝望，即使在希望中还是绝望。

因为害怕失败，所以你不敢将梦想付诸行动？其实，不用顾虑太多，现在从零开始都不会为时过晚。立刻开始经营自己的人生，就能从这一刻开始收获。

几十年前有一个美国人叫卡纳利，原本他家中就在经营一家杂货店，但是生意却一直不好。年轻的卡纳利觉得既然经营了这么多年都没有成功，便告诉父母应该想想别的办法，换一个思路。他家附近有几所大学，卡纳利想，学生们会经常出来吃快餐，何不开一个比萨饼屋，反正周围也没有,卖比萨饼肯定能行。于是,他就在自家的杂货店对面开了一家装修得精巧温馨的比萨饼屋。因为比萨饼屋十分贴近学生追求情调的心理,每天都顾客爆满。在不到一年时间里,卡纳利的比萨饼成为附近的名吃,于是他又开了两家分店,生意也很好。

卡纳利马不停蹄地在俄克拉荷马又开了两家分店。然而由于卡纳利的胃口太大,导致经营不善,有两个分店严重亏损。最初还需要准备 500 份的饼店,最后连一半的比萨饼也卖不出去。于是他开始缩减配送,从 500 份到 200 份,再到 50 份,这是一个连房租都不够的数字,却还是不行。两个城市同样有大学,同样是卖比萨饼,怎么在俄克拉荷马就失败呢?经过多方调查、研究发现,两个城市的学生在饮食习惯和生活趣味上有着很大差异。而当时急功近利的他并未考虑到这一点,于是他改变了装潢和配方,很快生意又兴隆起来。

在纽约,他做了很细致的市场调查,却还是难逃吃苦头的厄运。比萨饼在纽约打不开市场,经过多方研究,卡纳利最终还是找到了原因:比萨饼的硬度不合纽约人的口味。对症下药,通过研究新配方,改变硬度,他的比萨饼也成了早餐的必备食品。

19 年间,卡纳利从第一家比萨饼店算起,共开设比萨饼店 3100 家,遍布美国,总价值已达 3 亿多美元。

卡纳利曾这样总结自己的经验:每到一个城市开一家新店,只有十分之一的可能性是成功,但是我并未因失败而退缩,而是积极思考失败的原因,想办法解决,虽然不能确定什么时候会成功,可学会失败是首要之务。

失败往往是成功的前奏,要想获得成功,首先须学会失败,成功之门总会打开。以平常心持续不断地敲击成功之门,总有一天会和成功握手。人最可悲的并非面对失败,而是在失败面前低头。

人生没有过不去的坎

> 沟沟坎坎是人生道路中的必然要素，不要畏惧，因为畏惧它也并不能避免它的出现；不要害怕，因为害怕它也不会减少出现。要坚信这些沟坎都会过去。

现实生活中，生活好像就是要与人作对，追求和向往美好生活是我们每个人的希望，但人生的道路上总是会布满坎坷，各种各样的挫折总是在人不经意间横亘道上，不会让人一帆风顺。遇到困难时，意志薄弱者便心灰意冷，整天精神委靡，顾影自怜，怨天尤人。而意志坚强者，往往是愈挫愈奋，坚信人生没有过不去的坎，从哪里跌倒再从哪里爬起来，义无反顾。

"琼斯乳猪香肠"是美国一种家喻户晓的美食，而这种美食背后却也蕴涵着一段感人泪下的与命运作斗争的故事。

发明人琼斯本是威斯康星州农场的一名员工，他虽然身体强壮，工作认真勤勉，生活比较困难，却也从未妄想发财。然而天有不测风云，琼斯在一次意外事故中瘫痪了，躺在床上动弹不得。正在亲友认为他这一辈子都完了的时候，出人意料的事发生了。

琼斯身残志坚，他身体虽然瘫痪，却始终没有放弃与命运作斗争，依然思考和计划着自己的人生。他决定做一个有用的人，决定让自己活得充满希望、乐观、开朗，而不是成为家人的负担。经过多日思考，最终他把构想告诉家人:"我要开始用大脑工作,虽然现在双手不能工作了。我们的农场全部改种玉米,并用玉米养猪,然后趁着乳猪肉质鲜嫩时灌成香肠出售,应当是个不错的路子。"

上天不负有心人,等家人按他的计划做好一切后,事情果然不出琼斯所料,由此"琼斯乳猪香肠"大受欢迎,这种美食一炮走红,成为人人知晓的食品。

生活丢给我们一个个难题,但天无绝人之路,总会给我们解决问题的能力。琼斯能够成功,是因为他坚信冬天之后有春天,坚信人生没有过不去的坎,坚信只要不在困难面前低头、不被挫折吓倒,就能另辟蹊径迎来属于自己的成功。

生命是美丽的,生活是美好的,虽然人生的道路充满荆棘与坎坷,狂风暴雨随时都有可能光临,但因此我们更应该笑对坎坷,我们不必去祈求每一天都是阳光明媚的艳阳天。在打击和挫折面前不低头,要有迎接厄运的勇气和胸怀,要重新爬起来,勇敢迎接命运的挑战,才能实现人生的辉煌。戴高乐曾经说过:"困难,特别吸引坚强的人。"所以,直面人生的挫折和压力吧!迎接生活的挑战吧!拥抱困难时,才会真正认识自己。

成功，就是要战胜自己

我们往往会把战胜他人，战胜他物看作是成功，因为我们征服了对方。其实，这些是我们战胜自己而表现出来的结果。

大家或许听过这样一句至理名言："人的一生只有 5% 是精彩的，也只有 5% 是痛苦的，另外的 90% 是平淡的；人们往往被 5% 的精彩诱惑着，忍受着 5% 的痛苦，在 90% 的平淡中度过。"

我们无法避免在追求成功的路上遇到挫折、荆棘，但是，只要我们的内心更加坚强一些，将这些挫折当做历练去对待的话，就会感到无限的力量而不会被疲劳纠缠造成的失望所笼罩。其实，当我们强大到可以战胜自己内心一切的弱点时，就离成功越来越近了。

仔细分析一下，你会发现，如把我们日常所经历过的种种痛苦烦恼梳理一下，其实大多是因为战胜不了自己而造成的。当我们需要勤奋的时候，先要战胜自己的懒惰；当我们需要改变的时候，先要战胜自己的固执；当我们需要洒脱的时候，先要战胜自己的执迷；当我们需要勇敢的时候，先要战胜自己的软弱；当我们需要冷静的时候，先要战胜自己的冲动；当我们需要公正的时候，先要战胜自己的偏私；当我们需要廉洁的时候，先要战胜自己的贪欲；当我们需要宽宏大量的时候，先要战胜自己的褊狭。

第6章 成败平常心
——人生没有绝对的输赢

美国《运动画刊》曾经刊载过这样一幅漫画：一名拳击手累瘫在练习场上，标题为《突然间，你发觉最难击败的对手竟是自己》。

麦克是剑桥毕业生，在校期间，他成绩优异，然而在应聘单位时却名落孙山。一直优秀的麦克在得知这一消息后，曾经一度绝望并产生了轻生之念，最终还是因为抢救及时，自杀未成。不久后，又传来消息，当时因为公司电脑出了差错，统计的分数有误，他的考试成绩其实名列榜首，因此他被公司录用了。但是，后来公司知道此人在得知自己名落孙山后轻生，还是决定解聘他了。这主要是因为，公司认为这个人连如此小小的打击都承受不起，还能承担什么责任、工作呢！

麦克虽然在考分上击败了其他对手，但是却被自己的心理击败。他的心理敌人就是惧怕失败，就是对自己信心的缺失，因此才会在遇事时自己给自己制造了过多的心理紧张和压力。

世上没有绝对完美的人，每一个人的性格中都或多或少地存在着矛盾，但是这并不意味着存在绝对不可救药的人。这些矛盾，需要你采取行动去应付，特别是在你遇到矛盾同时出现的情况。此时你或许会彷徨困惑、痛苦不堪，但如果你是积极和光明地战胜矛盾，你就走向成功；如果你选择消极地应对，你就走向失败。只看你自己是怎样决定的。

这理由很明显，每一个人都应该知道自己怎样做，但是战胜自己不是一件容易的事，这需要足够大的勇气与坚定的信念。想一想，你是否时常姑息纵容自己？你是否战胜过自己？

懒惰是我们最难克服的一个敌人。一个人如果勤奋，那必定是他战胜了自己的懒惰。但在现实中，我们往往因为一些事而一次又一次地懒惰拖延，从而失去了成功的机会。

应付一个新局面的时候，尝试一项新工作的时候，接触一个新环境的时候，总难免有一种向后牵拽的力量，这就是退缩。"还是不要冒险吧！还是安于现状吧！还是省省事吧！"在这种消极中，在消极处理事情的习惯中，不知多少可贵的机会流失了。

一个人应该有力量让自己那光明的一面战胜，一个人应当为战不胜自己而感到羞耻，否则，你的人生就失败了。

勤奋与懒惰、清醒与执迷，人们总是在类似的这种正负之间游离。把握好自己，多向积极的正能量靠近、靠拢，这样你就会更加接近阳光。

最终击败你的只有你自己

> 被击败的力量往往并不是来自于外界，而内在因素才是主因。想想看，如果自己足够强大而坚强，怎么会被击倒？因此，真正的失败其实是被自己击败。

"一个人在比较、了解自己与别人的力量和弱点之后，如果仍然看不出差别的话，那么他将很容易被他的敌人打败。"让我们一起来看看美国职业拳击运动员，有"拳王"之称的穆罕默德·阿里的故事吧。

1981年阿里告别拳坛，40岁的他被确诊患帕金森氏症，虽然具有语言和行动上的障碍，但他并未屈服，并担当了联合国和平大使。他呼吁和平、倡导和解，经常拖着病体前往战乱与冲突地区。世人在为这种精神折服的同时，也在疑惑是什么让他有了无数的胜利，是什么支撑着阿里战胜恐怖的病症。我们一起来看看吧。

"我绝不会失败,除非我确信自己已经失败了。"这是阿里的人生信条。在无数的拳击比赛中,阿里相信自己会胜利,他始终把自己看作是最强大的。而这种信念,在12岁的阿里就已经形成,并一直秉持。在阿里的自述中有这样一段话:

"我在12岁时,最让父母头痛的就是爱说大话。我在12岁时就知道我将成为最出色的拳击手。我穿着'金手套'夹克乱逛,说大话,趾高气扬,练习着拳击攻防。20世纪50年代,当时在肯塔基州路易斯维尔,我喜欢说大话,周围的人都认为年轻黑人不应当这样。

"戈尔热·乔治是美国著名的职业摔跤运动员,是当时的大人物,在我观看他的比赛时,一位白人摔跤手,很多时候不是真正进行摔跤比赛而是在表演。"不要弄乱我漂亮的头发,我很可爱。"这就是戈尔热·乔治在打趣观众时说的话。他着盛装出场,披着一件很大的红色斗篷,神气活现地在舞台上走过来走过去,那黄色的头发吹得高高的更是显眼。我当时注意到摔跤场里座无虚席。

"看过这个自大的家伙后,我更加自吹自擂,回家后更加趾高气扬,更加爱说大话了,父母感到更加不安了。我在对假想的对手练习拳击时总是自言道:'我将成为最出色的拳击手。'

"在我的每一场业余拳击比赛中,我拍着胸脯,吹嘘自己多么出色,我总是机动防守、猛击对方并最后获胜。我比戈尔热·乔治可爱得多,这是我一直都坚信的;我也知道,我能比那个摔跤手卖出更多的票。

"在同学中间,我们总是谈论谁将成为下届拳击冠军。当然也有教师认为我是个说大话的人,并因此而看不起我们,同时也很讨厌我们这些自信心十足的拳击手。我一直认为她是那种没有头脑的人,她没有看到,也不相信我们的潜力。一次，我们正在走廊里比画着拳击姿势，她眼睛直盯着我说："没出息的人。"

"在我 17 岁的时候，获得了路易斯维尔戴的金手套，1960 年罗马奥运会上，也就是我 18 岁时，我夺得金牌，成了全世界最出色的拳击手！回家后，我便兴冲冲地去学校，对那位曾说我的老师说：'你说我永远不会有出息，可我现在是世界上最出色的拳击手！'也正是这位怀疑我潜力的教师，促使我发誓要成为最出色的拳击手。"

阿里曾说："我遇见一些强壮粗野的人，他们认为他们已经打败了我。认为我在他们面前缺少应变的技巧。我也被指责收支亏空、负债累累，家庭情况不妙，子女情况很糟，失信于我的朋友和顾客……但我一直知道，我绝对没有输给别人，当我的时刻到来之时，奋起迎战、击败对手就是我该做的事。"

无论对手以何种方式向你挑战，然而决定成败与否的始终是我们自己。

经营自己的长处

我们常常会听到这样一句话"天生我材必有用"。的确,生来就是有用的, 只是我们或许尚未找到我们的所用之处罢了。因此,发现、经营自己长处很重要。

世上万物,各有所长。在广袤的草原上,或许一只小羚羊正在担忧在这一望无际、没遮没拦的地方,遇到牙齿锋利的狮子该如何是好。岂不知,羚羊本身高速奔跑的腿就是最大的优势所在。只要自己善于利用,再锋利的牙齿,又能拿羚羊怎么样呢?

在永恒的生存竞争中,鸟儿因有翅膀而翱翔天空,马儿因有四肢而奔驰在草原,鱼儿因擅水而遨游江河,它们中的每一位都是依靠自己特有的本领、长处成为万物中的一员,并在生物圈中占得一席之地。如果它们不懂得利用自己的长处,抛弃自己的长处,那就只能成为生存竞争中的牺牲品,遭遇无情的优胜劣汰选择。

微软公司总裁比尔·盖茨的最高文凭是中学, 但他却懂得人生的诀窍——经营自己的长处。在哈佛大学念书期间,他清楚地意识到自己该做什么事,于是没读完就经营他的电脑公司去了。像盖茨这样及早发现自己的长处,同时拥有魄力果断经营自己长处的人,岂能不成为世界首富?

一个人如果站错了在人生的坐标系里的位置,总是用自己的短处去谋

生，而摒弃了自己的长处，不仅活得很累，也是一种非常遗憾之事。

也许你相貌平平，也许你一无所长，其实我们大多数人都是如此，因此不用自卑，然而你需要发掘出自己在某方面强于他人的潜力；也许你体会过失去的痛苦，但却学会了珍惜的意义；也许你品尝过失败的苦涩，但却在失败后学会了坚强的可贵。相信天生我材必有用，努力挖掘自己深层次的潜力，要知道命运永远掌握在强者手中。正视自己，是金子就一定会发光。

不要为一时的不快，一时的困难与挫折，一时的不顺心而抱怨不已，应当将这些看作是命运对你的一种考验。抱怨命运并不能解决任何问题，也别总想着去"扮演"别人。认识自己、发展自己的优势，这才是智者应当做的事。

也许你并不出众，或许你并不美艳动人，但若能清楚地认识到自己的长处，并能很好地发挥之，便也能过上知足常乐、逍遥自在的日子。春去秋来，花谢花开，莫要虚度光阴，很好地审视自己，才能选择一条适合自己的道路。

是非平常心

——口称是非者，必是是非人

社会是由各种人构成，因此是是非非在所难免，如何在这是非间保持自我的安逸？让我们怀有一颗平常心吧。其实，谁是谁非并没有那么重要，披露他人之缺陷也不会为自己增长什么，所以淡然面对是非吧。

是是非非，明智选择

"学生常做的习作是选择题、是非题和填充题。有一半答对机会的是是非题，根本无法蒙混过关的是填空题，胡乱选一个碰碰运气的是选择题。"其实人生也是选择题、是非题和填充题。

只是分清是非对错，并不代表你我成功了一半。是与非的对比或是划分，应该怎么看呢？世上是非对错到底是个什么评判标准呢？长大后，我们就会发现，现在的社会好像也和小时候不一样了，小时候觉得对的东西或许现在会受到怀疑。对就是对，错就是错，这在小时候很容易分辨的事物，现在反而看不明白了。

很多时候，重要的是我们的目的，一件事情本身是是非非并不重要。走了冤枉路的乘客和司机埋怨没说清楚而起口舌，顾客和售货员为商品产生的责任争得脸红脖子粗。很多时候，我们就是为了争一个"理"，双方都憋了一肚子的气，结果事情越闹越大。其实，何苦呢？此时你是否想过这个理的代价呢？放弃无谓的辩解，或许带给你意想不到的结果。下面这个故事就是个不错的例子。

"您好！昨天我交给您的文件签了吗？"小李对老总说。老总翻箱倒柜地在办公室里折腾了一番，转了转眼睛想了想，然后最后他耸了耸肩说："对不起，我从未见过你的文件。"小李要是刚从学校毕业时，或许会义正词严地说："我看着您的秘书整整齐齐地将文件摆在桌子上，是不是您在不留神时卷进废纸篓了!"但是，现在的小李知道这份文件是要让老总签字的，于是平静地说："那好吧。我回去找找那份文件。"下楼回到自己办公室，小李把电脑中的文件重新整理打印了一份，当他再把文件放到老总面前时，老总没有看文件内容就签了。这就是小李在与上司发生冲突时的解决方式。

在新环境里或许仍然会出现老问题，因此不能在冲突发生以后一走了之。否则，你又怎样呢？吵闹不能解决问题，不要为了争口气大闹一场，否则倒有可能断送了职位。即便是上司错了，谁是谁非也并不重要，无论如何解决冲突的前提是合作，所以开动脑筋为上司寻找一个下台的台阶!

运用智慧寻找冲突的最佳解决方案，这是主动言和的处理方式；发挥团队精神可以使合作得以延续，这是主动言和的方式方法。在处理冲突的问题上，绝不能像个孩子一样放任自己，应该冷静。与上司及同事尽量合作，这是需要运用自己的智慧和团队精神的，应当努力使自己成为理想的合作伙伴，这样做的意义在于为自己创造了一个良好的工作空间!

谁是谁非不重要，在某些场合，针尖对麦芒是一种耿直与正义的表现，但如果不能审时度势，就是一种失策的表现。

莫作"揭短"之事

揭人疮疤、当众揭短，都是很不道德的行为，即使在生气的时候也要有所顾忌，不能口无遮拦，否则，对别人的伤害会很深。

让我们一起先来读读这个故事。

苏珊和朋友一起去酒吧，正巧碰到了以前的几个好友，都是她在迈阿密认识的，不过有缘在纽约她们又见面了。大家相谈甚欢，苏珊的朋友将目光转向了她的朋友达丽，苏珊高声喊着："这个家伙，是个酒鬼，回家还没走到半路，就吐了一地，别看她现在酒桌上潇洒自如，事后别提多狼狈了！"同伴们哈哈大笑。随后苏珊又兴起，拿着一个酒杯倒扣在达丽的头上，引得众人哄笑。达丽自是恼羞成怒，拿起酒杯愤怒地摔在地上，怒视苏珊，疾步离开了酒吧，并恶狠狠地说："我再也不愿意见到你这个不尊重朋友的家伙了！"

把朋友的得意事挂在嘴边，不揭朋友的隐私和疮疤，可以让你获得好人缘。在与人交往中，切莫踏进言语的"雷区"，一不小心你就犯了对方的忌讳，触到了对方的隐私和痛处，给对方造成一定的伤害。和上司、同事建立良好的人际关系，更是要谨记：打人不打脸，骂人不揭短，言谈之间莫要提到别人的痛处。击中痛处，对任何人来说都是不悦之事。

第7章 是非平常心

——口称是非者，必是是非人

一旦你攻击他人的痛处，心中的疙瘩和怨恨往往难以抹平，修养好的人或许不会当场发作与你破口对骂，但要是伤害了重要人物，比如你的上司或客户的话，那你就会成为被"封杀"的对象，这就意味着调职、冷冻、开除。"封杀"就代表着对方拒绝继续与你往来，如果你是公司负责人，那客户就会和你"冻结彼此的关系"。

中国古代有所谓"逆鳞"的说法，传说中，龙的咽喉下方约一尺的部位，有几片"逆鳞"，如果不小心触摸到这些逆鳞，因为此鳞是逆向生长的，所以会被暴怒的龙吞食。人也一样，不可掉以轻心，与我们相处的每一个人，不论你如何抚摸或敲打都没太大关系，唯有不能碰这几片逆鳞，否则即使轻轻摸一下也犯了大忌。

无论你是伟大或平凡的人，每个人身上都有"逆鳞"存在。因此，唯有不触及对方的"逆鳞"，小心观察谨慎对待这些"痛处"，才能保持圆融的人际关系。

谁都不愿意别人发现自己的失误，谁都希望自己比别人聪明。然而通过宣扬别人的错误来显示自己的聪明，这并不是明智之举，因为这恰恰触到了别人的心病。这种损人不利己的行为，或许还会添上这么一句："我并不是喜欢揭他的疮疤，可谁叫他当时太恶劣，我才忍不住的。"这只能显示出自己的胸襟太窄。

在同事或同学之中，有的人一旦发现别人的失误，就觉得有显示自己能耐的机会了，就似乎看到自己胜利了，并且还大肆地宣扬。如果朋友破天荒地办了件蠢事，在背后逢人便讲的一定还是这些人，他们就像发现了新大陆一样，到处广播。当然，也有无意中把别人的失误给当面指出来，其实并非有心，只是心直口快罢了，这些人可能事后才意识到这样似乎不大妥当。

很安静的办公室里，你好心好意地来到同事面前，将刚才发现的同事文件中的错字指出。此时你若声音不算很响地告诉他："你把'狠'写成'狼'了。"也许其他人并未听到，但他却会感觉很难堪，认为所有人都听到了，特别是要有人偷笑一声，那你就可能遭遇此人恨你几天的后果。

让对方难堪、尴尬、伤了自尊的事，我们不做。即便是对方能较好地看待，考虑到你本质还不错，那么可能结果会好些。倘若你人缘本来就一般，再加上此人很要面子，那对你很不利了。

有些人在处理人际关系时，把自己放在最中心的位置，往往过于看重自己，以自己的意志为主题，以自己的情绪为中心，总希望满足自己的欲望。这样的人也喜欢讲自己的得意事，而在众人面对失意事避而不谈。他们强烈希望别人尊重他，心目中充满了自我，却不知道自己也得尊重别人。

这种自我中心意识会严重影响一个人的自我形象，对自己也是极为不利的。没有形成良好的品格，以致被人厌恶、瞧不起。心理素质不高的人面对别人的优点与成绩时，很难坦然地面对，往往是禁不住妒火中烧。

每个人都希望获得别人的肯定与赞美，因此，对于别人优点与长处肯定，不仅不会贬低自己，还会获得他人的称赞。

人格，对每个人来说，都是最重要、最宝贵的。尊重别人的人格是赢得别人喜爱的一个重要因素。每一个人都有这样的愿望：使自己被了解、被尊重、被赏识，使自己的自尊心得到满足。但是如果你使别人的自尊心受到了伤害，不尊重别人的人格，那你就严重地伤害了他。对于有修养的人，或许当时对你还是很友善，你表示出的对他的不尊重必然会产生深远影响的。相反，如果你很尊重他的人格，满足了他的自尊心，使他自身价值得到认可，那对方也会帮你获得自我实现，并对你有一种感激之情。

不要降低别人的人格，尊重别人，不要伤害别人的自尊心。你满足别人的精神需求，对方才会满足你的精神需求。

宣扬对方的"好"，对于"不好"莫提。你不带个人动机地、发自内心地赞扬别人，他会感受到这种赞扬的真实和诚意，会增加对你的信任感。

在待人处世中，无意地揭短虽然是有口无心，却也会如利器般伤及到他人，甚至导致友情的决裂。每个人都有所长，亦有所短，不要捉住别人的隐衷、痛处和毛病大做文章，相互仇视的双方将揭短作为攻打对方的兵器。比如对着一位年轻而体型偏胖的姑娘说："像气儿吹似的，才几天工夫，又胖了一圈儿。"这就很伤人。

我们虽不用整日阿谀奉承、嘴抹蜂蜜，却也要分场合、分对象会说话。对于他人的缺点，即使是很熟悉的关系也要把握分寸，切莫信口开河，否则就会祸从口出。

设身处地地为他人着想

> 享利·福特说："如果你想拥有一个使你永远成功的秘诀，那么这个秘诀就是学会站在对方的立场上考虑问题。"设身处地地为人着想才能为他人送去一缕阳光，而执著于固执和强硬是无法做到互相理解的，我们要想使对方从黑暗的深渊中爬起来，就要选择前者的做法。

所谓己所不欲，勿施于人，应当学会用自己的人心推及别人。自己希望在社会上能站得住、能通达，也应帮助别人站得住、通达；自己希望怎样生活，也应想到别人会希望怎样生活；自己不愿意对方如何对待自己，就不要那样对待别人。总之，理解他人，对待他人，应当从自己的内心出发，才能真正推及他人。不要将自己的意志强加于人，要知道他人未必会和你有同样的想法，别人有别人的原因，应当有意识去找出那个隐藏着的原因，这将有助于你更好地理解别人的难处。偏见往往会使一方伤害另一方，甚至可能造成难以补救的后果，这样的话关系又何来融洽呢？只有谅解才能使对方的偏见得到转变，使对方在感情上受到感动。

《传世言》说："凡一事而关人终身，纵确见实闻，不可著口。凡一语而伤我长厚，虽闲谈酒谑，慎勿形言。"就是说：不要对自己亲自看到和听到的而轻易开口；即使是茶余酒后的笑谈，也可能因为自己的一句话而损伤到自己的风度，甚至是伤害他人。努力去理解对方的用意，要知道尖锐的批评和攻击，往往效果并不佳，结局并不好。

在社会交往过程中，每一个人都扮演着一定的角色，人们都是以具体角色出现的。这就会造成我们很多时候都会以自己的角色、自己的思想出发来看待自己和别人的行为，那就难免会带有不同程度的片面性。人际间总是发生冲突，其实很多时候是因为角色不同，才不能相互理解，造成交际障碍的。将心比心、设身处地地为对方着想，就会克服这一障碍。"假设自己处在对方的位置上，会如何考虑问题？"经常这样想想就会通情达理地谅解对方的行为和态度。

人心不同，各如其面，我们认为应该的，别人不一定有同感；我们喜欢的别人不一定喜欢。要设身处地多为他人想一想，做到换位思考，因为认识一个人很容易，真正了解一个人却很难。如果你对自己说："如果我处于当时的困境之中，将有什么感受？该如何反应？"这样想想可以学会许多处理人际交往的技巧，也会省去许多时间和麻烦。

玫琳凯是美国知名的直销皇后，在谈论人事管理和人际交往时，这位皇后曾经讲述过自己的一次亲身经历。

有一次，她参加了一位很有名望的销售经理的销售课程。这位经理讲得很好，既生动幽默又鼓舞人心。课后玫琳凯排了一个多小时的队，就为了和这位经理握握手。没想到，当她好不容易排到经理面前时，经理根本没有用正眼看她，而是更关注于她身后的队伍到底还有多长，甚至连自己正在和对方握手都没有察觉。玫琳凯觉得自己受到了莫大的侮辱和伤害，因为毕竟自己是用一个多小时的时间来排队的。

后来，玫琳凯有很多次机会公开演讲，当然是在她成立了自己的化妆品公司之后，同时她也有过很多次机会站在长长的队伍面前，和上百位人

士不停地握手。曾有记者问玫琳凯会不会因为和百余人握手而感到厌烦，她回答道："我也会有疲倦的时候，但因为之前的经历，让我感到受伤害的情形，我就马上会面带微笑、打起精神，直视握手者的眼睛，我还会说些比较亲近的话。甚至有的时候我会调侃几句：你口红的颜色漂亮极了！''我喜欢你的发型'，这会让对方感受到我的热情和真诚。同时，我会避免让其他的事情来打扰我，只要是和我握手的人，我都会将他看作是这一时刻对我最重要的人。"

既然是"人际关系"，那就不是你的"一相情愿"，就不应当考虑自己的立场而忽视他人的立场和感受。设身处地就是一种换位思考，也就是要"如果我是他，处在他的位置，我能怎么处理这件事情？我会怎么看待这个问题？"假设自己是当事人，做这些假设，或许就能从当事者的地位和情境出发考虑问题。卡耐基说："处理人际关系，就像钓鱼一样，你想得到对方的认同，就要考虑他们喜欢什么？你有什么可以满足他们，并将他们吸引到自己身边来？你想钓不同的鱼，就要投放不同的饵。"一句充满爱心的话可能会治愈别人的伤口，一句残酷的话可能会毁坏一个人的生活，一句无心的话可能引起一场争斗，一句及时的话可能会平复波浪。

日本的知名企业松下电器，它的掌门人松下幸之助曾经这样总结成功经验："我成功的原因就是经常站在对方的角度来考虑问题。"为他人着想，为自己铺路。给别人留面子，就会换得别人为你做好事；要是你能够在关键的时候助人，别人也会在关键的时候帮你；如果你落井下石，别人也会对你见死不救、隔岸观火、袖手旁观。

如果只从自己的角度来考虑问题，我们就不会多一分理解，少一点矛盾，而会让不如意的事情变得更多。比如你会更加关注为什么妈妈那么啰唆？为什么老板总是那么苛刻？为什么别人会拒绝我的好心？如果你把对方当作主语继续说下去,接下来的推理不再以自己为中心,就会发现别人有良苦用心、有为难之处、有难言之隐,这样一来所有的问题都将迎刃而解。

为别人着想给对方带来的是方便、利益和愉悦,这也会使你在人际交往中得到更多信赖。当人们把你当作自己人来看待时,你的不释然、困惑、恼怒,也会因此消除。

多一分博大,少一腔怒气,更加善解人意,更加宽容,更加细心,更加和善,多站在别人的角度上思考,你就会心平气和很多,而同时你的人格也得到了升华。

宽容别人才能被别人宽容

凡事以和为贵,兼容并包,以大局为重,这就是宽容,这就是一种宽容的胸怀。在别人面前不斤斤计较,能够虚心听取别人的意见和批评。宽容别人的人才能被别人包容;宽容别人也才能给自己更多的空间。

一个人的心胸有多大,宽容就有多大,他的舞台也就有多大,他拥有的也就有多大。宽容的人会因为谦和的姿态避免成为别人的攻击目标;宽容的人会因谦逊的态度得到别人的帮助和尊重;宽容的人会因他的包容得到更加和谐的人际关系,也会因此生活、工作、事业更加顺风顺水。

肯宽容的人也会被人宽容,宽容是一种智慧,是博大的胸怀的表现。听

不进逆耳之言的人会成为人人唯恐避之不及的孤家寡人。古时圣贤孔子曾说过："己所不欲，勿施于人。"宽容，考虑了大局的利益，考虑了他人的利益，自己的利益也尽在其中。老子说"夫唯不争，是以不去"就是对此的最好印证，也是大智慧的表现。

伟大的仁慈是一种博大的胸怀。生活中，其他人做错了什么事情，千万不要生气，不要发怒，即使我们受到了不公正的待遇，也要学会宽容地对待他人。生气和愤怒是人类最大的恶习之一，而宽容是一种沟通、一种美德。前者是一种徒劳无功的、百害而无一益的活动，是在用别人的过错惩罚自己；后者则能为人生增添一些色彩，能为自己消除一些烦恼获得共赢。

人们之间有磕碰在竞争激烈的现代社会中，是在所难免的。被误解、受委屈、吃亏是我们在社会交往中经常发生的事。作为个人来说，但一旦发生了，最明智的选择就是宽容，当然没有人愿意这样的事情发生在自己身上。宽容的是别人，宽容不仅仅包含着理解和原谅，更是一种气度和胸襟的表现，因为这能带给自己快乐。很多时候自己的宽容或许有改变人生的效应。

父母离异的宋明从小就没人管，这样一来，他养成了很多恶习，常常和社会上的一些小混混搅和在一块。

一天，路边有一个书摊，宋明放学后走到学校门口，看见那里挤满了人。他也凑热闹地挤了进去，毕竟孩子平时都很喜欢看一些图画书、故事书什么的。书摊上琳琅满目的小人书，花花绿绿的很多，都是他以前没有看过的。宋明很想买，但是一掏口袋，发现自己没钱，自己身上的钱昨天花在了游戏室里。如果现在回家向家长要钱，估计再回来时恐怕就卖完了，不知如何是好，宋明很是伤脑筋。于是，宋明想起以前和街头的小流氓们偷东西的经历，此时这个罪恶的念头闪进了脑海。

于是他装作要买书的样子，趁摊主大爷找钱的时候偷偷塞进了书包里，当然是拿起那本他想要的书。就这样，似乎很轻松就成功了，他转身想赶快离开，就在此时洪亮的声音响起："大爷，他偷了你的书！"一位站在他身边的男生看见了他的行为，宋明吓出了一身冷汗，脸一阵红，怔在那里。

摊主大爷却说："哦，同学，你误会了。他是我孙子。"刚才那个男生看见是自己误会了，并也道歉离开了。宋明开始不知所措，后又为大爷的话语说得有些傻眼，大爷又说："孩子你快回去叫奶奶先做饭，我一会儿就回去。"宋明这才恍然大悟，知道大爷是帮自己解围，并告诉自己离开。然而，宋明转身躲在一个角落里，直到摊主大爷收摊回家。其实，在大爷收摊时他很想跑过去，向大爷说声对不起，却还是鼓不起勇气。他知道，摊主大爷宽容了他。宋明从此也就没再偷东西了。

多年以后，那位摊主大爷几近忘记这件事情的时候，却突然在某一天收到一个厚厚的包裹，包裹中全是书，并且在每本书的封面上都写着同样一句话："赠给改变我一生的人。"

此外，包裹中有一封信，信上说："您好！我就是当年偷您小人书的那个孩子，您是改变我一生的人，因为您无限的胸怀宽容了我。从那以后，我再也没有偷东西，如果您不介意，我真想叫您一声爷爷。现在我有了自己的工作，我想寄一些书给您，作为报答您对我的宽容。"

这就是宽容的力量。它和诚实、勤奋、乐观等价值指标一样，宽容是人和人之间交往必不可少的润滑剂。对对方的一种接受、一种尊重、一种爱心就是宽容的表现与力量。

"人非圣贤，孰能无过，过而改之，善莫大焉。"谅解别人的无意过失，接受别人诚恳地认错；以宽容的心态来审视别人的错误，不要对别人犯下的错误耿耿于怀。人生道路是坎坷的、曲折的，一个人的一生是漫长的，一不小心就会误入歧途，而能引领我们走向正确道路的，可能就是这宽容。

"宰相肚里能撑船"，我们要懂得宽容别人，在与人相处的时候更是如此，只有对别人宽容的人才能在遇到困难时被别人宽容。

说话要把握分寸

说话之时必须要掌握适当的分寸，俗话说"言多必失"，话说多了难免出现意想不到的负面作用。因此与人相处，言谈必须要有分寸。

"对待朋友更应该知无不言，言无不尽。""自己做事坦坦荡荡，哪有什么是说不出口的呢？""藏着掖着显得自己城府太深了吧？"我们中的很多人或许都抱有这样的念头，如果对方不是能与你互相了解的知己，那么太多的话语只能造成彼此的困扰与误会。倘若你一味地只顾着表达自己的想法，有时这种滔滔不绝会使对方产生厌烦，甚至以为你没有深交的兴趣。当你心无城府，大大咧咧地把心事跟对方倾诉时，明天或许就会成为流传在别人之间的耳语。

在与人交往言谈的过程中，要懂得把握分寸，能转弯，能下台，能收能放，能适可而止，能使对方知难而退，能留有余地，也能使自己保持主动。说起话来，没有分寸感的人，没有回旋的余地，一发不可收拾，只会造成僵局。为了一些无关痛痒的小事，与他人起争执，甚至是激烈的争吵，是很不值得的。一个有能力把握分寸的人，很多时候都能够很有分寸地和对方商谈，就不会闹不愉快。动以真诚，摆事实；晓以利害，讲道理，解除对方的疑虑。很多纠纷、困扰、冲突、争执，便会得到调解。

当需要我们提出忠告时，对于那些犯了错误的人，分寸感强的人总能细心地加以把握，就算是批评他人，也能够把别人的错误照实地举出，使人心悦诚服，而不让对方生气。别人虽然承认错误，但心里不会不好受。但如果没有把握好分寸，别人可能会因为批评太重而动怒发火，从此把你当作冤家。这样即使是给对方提忠告，也是没有作用的。

西汉时期，汉军和匈奴作战，由于匈奴作战游移，汉军很难找到其主力军与之作战。这一日，汉军的一个谋士进谏一个计策，设计诱敌深入，再全部铲除。本是一个很周密的计划，可是当时的带军主帅却因营帐漏水斥责了身边的随从。可能是因为斥责得太过凶狠，那个随从一怒之下投靠了匈奴，并向大单于说明了设计埋伏的事。可想而知，计划破灭。一句小小的口角，本是个小事，但若是不顾及他人的感受就可能导致严重的后果。

李红是一家公司的文案，工作认真踏实，却与周围同事相处有些问题。李红是个直肠子，什么话都直来直去，这就让周围的同事有些受不了。这一日，欣欣穿着一件周末逛街时买的套装来上班，李红见欣欣穿着新衣服先是夸赞道很合身、很适合，之后就开始盘问起价钱来。欣欣说这是商场里打折时淘来的，李红就说："啊！打折的东西质量成问题，也不能退货吧！你怎么买这个呀？"本来满心欢喜的欣欣，却被李红这几句话说得有口无言，且很沮丧。

在与别人谈话时应需要格外注意避免以下话题：

1.个人的健康状况。很多人都不希望他人谈论自己的身体状况，除非你是与自己的亲密好友交谈。至于像那些有严重疾病的人，如动脉硬化、癌症、关节炎等，他们会更注重这方面的话题。无论对方如何，与人交谈时还

是应尽量少谈与身体相关的话，哪怕是问候身体。

2.东西的价钱。"这值多少钱?那值多少钱?"如果总是围绕着这样的话题，不免使对方觉得你是俗不可耐的人，这必然会影响你在对方心中的形象。你的表现会让对方认为只有钱才能与你交往。

3.争议性的话题。应避免谈到具有争论性的敏感话题，特别是在你还不清楚对方立场的时候，就难免会因观点不同引起对立僵持或抬杠局面的出现。

在任何地点，任何时间，都会存在着不适合公开讨论的话题，并不是所有的话题都适合拿来一起谈论的。过于张扬给人轻狂感，说话时的表情、动作，举手投足都要有分寸，当然过于木讷则又显得呆板无趣。

除了提高自己的素质以外，要想做到说话有分寸，还必须注意下面几点：

首先，善意地讲话。与人为善，所谓善意就是要让对方了解自己的思想和感情，并且知道你是为对方好。俗话说："好话一句三冬暖，恶语伤人恨难消。"如果把握好这个"分寸"，在人际交往中，你差不多也就掌握了礼貌说话的真谛。

其次，认清自己的身份。在任何场合、与任何人说话时，你都有自己特定的身份。也就是自己当时的"角色地位"。比如，在一个家庭当中，对父母来说你是儿子或女儿，对子女来说你又成了父亲或母亲。尊长有序，对老人或长辈说话当然是与小孩子说话的语气不同。否则，就是不礼貌，就会有失分寸。

最后，说话要尽量客观。也就是要尊重事实。实事求是地反映客观实际，事实是怎么样就怎么样。信口开河、主观臆测，往往会把事情办糟。应视场合、对象，客观地反映实际，同时也要注意表达方式。

每个人都有嘴，要想把事办得很有分寸，就要求我们学会说话。在这个世界上，生活有禁忌，做人有禁忌，不同的人和事，也就有不同的禁忌，说话当然更是如此。如果大家都张口即来，毫不考虑后果，说话毫无禁忌，可想这社会会是何等地没有秩序可言了。因此，说话一定要有分寸、禁忌。

高尚人格，唯正直最美

"作文贵曲，做人贵直。"在人的各种品格中，最美、最为高尚的恐怕就是正直了。为了伸张正义挺身而出，是非分明，疾恶如仇，胸怀坦荡。

俭朴、善良、谦逊、刻苦、乐施、克己、勤勉等品德是个人修养所不可或缺的，然而拥有正直更受人敬仰。一个人想有益于他人和社会，首先要独善其身，正直的品格是必须具有的个人修养。

"言人之所言者易，言人之欲言者难。言人之不敢言者就更难。我就是要言人之欲言而不敢言之言。"这是我国著名学者马寅初的一句名言，使无数后来人引其为楷模，很多人会以此自问自责。

孟熙就读于某市一所重点中学，品学兼优，还是班里的班长，可以说是老师眼中的标准好学生。孟熙所在的班中有几个男生很是顽劣，不仅学习不当回事，成绩很差，而且还经常想法设法地捉弄老师。一次，班里组织摸底考试，这几个人就设法去偷考试卷子，结果正当他们得意于这次"计划"

成功之时，恰巧被孟熙看到个正着。几个人害怕事情败露，就对孟熙说："你拿着卷子复习，肯定能拿第一。"孟熙不解地说："考试是检测我们问题的，我也会凭自己的实力，不需要这些。"几人看孟熙不理睬，就开始威胁她、弄坏她心爱的自行车。孟熙还是毫不理会，径直走到老师办公室说明了此事。这几人自然是受到了相应的惩罚，老师也表扬了孟熙坚持自己以及正直的品格。

以正气自励、立身和行事，这是道德高尚的人一定会做的。正直是一位睿智醒人的导师，在安逸中，他提醒我们坚守富贵不淫的情操；在得志时，他让我们不忘形；在失意时，他让我们不失志；正直让人性回归本真，让我们的人生境界不断得到升华。

正直的人，铁面无私，永远保持着忠言直谏的作风。他们坚持原则、坚持真理，永远不知疲倦地扶正祛邪、除恶扬善，对奸邪之人以其铮铮的铁骨而威慑之。说道铁面不得不使我们想起宋代铁面御史包拯，他铁骨丹心、不徇私情、大义灭亲，令奸佞之徒胆战心惊而不敢妄为。

正直是一面镜子，是世人审视自己的镜子。一个人的心灵美好，心灵纯真，品行高洁，大公无私，耿耿丹心，足以为一世之楷模。唐朝忠臣魏征，以忠义直言进谏，他刚正不阿的气节赢得了唐太宗的信任和敬重。在他死后，唐太宗李世民很是痛惜自己失去了可知得失的镜子。

正直是一种美德。正直的人，坚持自己立世的原则。用屹立在风雪严寒中的青松翠柏来形容他们再恰当不过了。他们向世人彰显了中华民族的优秀品质。

正直，是一个人思想道德和价值观念的综合反映，是一种优良的品格。正直的品格，是不可能为没有崇高的理想信念和乐于吃亏奉献精神所拥有的。无论在什么时候、什么情况下，具有正直品格的人，都敢于维护正义的尊严，都会挺直腰杆。因为，口是心非，说一套，干一套，这是正直的人没法做到的，否则就是违背做人的原则，奴颜婢膝。一般来说，正直的人保持了敏锐、清醒的头脑，内心的矛盾冲突相对较少，所以才能无所顾忌地干事业，才容易获得成功。同时，高度的事业心、很强的道德感、服从意识、责任感和维护真理的勇气，这些都是正直的人所拥有的。

　　李开复先生在苹果公司工作时，曾有一位刚被他提拔的经理，因为被下属批评而非常沮丧并要李先生再找一个人来接替他。李开复就问他："你自己的长处是什么？"那位经理说："我自信自己是一个非常正直的人。""当初之所以提拔你，就是看中了你的公正无私，一个正直的心是无价的，而管理经验和沟通能力等则是可以慢慢学习的。"李开复坦言道，并支持他继续干下去，当然在管理和沟通技巧方面也多给了他一些提点。他不负众望，成为了出色的管理人才。目前是一个颇为成功的公司的首席技术官。

　　当然，李开复也面试过一位在技术、管理方面都相当出色的求职者。在谈论之余，这位应聘者说愿意将一项在原来公司的发明带过来。可他后来又改口说是工作之余做的。通过这番言论，李开复认为"诚实"和"讲信用"这两个最基本的处世准则和最起码的职业道德这个人都没有。谁能保证这样的人不会在工作一段时间后，把在这里的成果当做"业余之作"讨好其他公司呢？

　　这个故事清楚地告诉我们：一个真正有所作为的人。一定不是人品不完善的人。

　　一次手术，一位年轻的护士在缝合伤口前，对外科大夫说："您已经取出第 11 块纱布了。"医生断然道："我们用的 12 块已经全部取出，现在就开始缝合伤口。"护士抗议说，"还有一块纱布，你不能这样做的！"外科医生严厉地说："我负责！"护士激烈地喊道："你要为病人想想！"这时医生微微一笑,拿起第 12 块纱布说:"你是合格的护士。"

这位护士全力维护病人的安全,能够坚持自己的正确看法,想想看我们在现实生活中是怎样做的呢?首先,我们淡化、扩散掉了自己的责任。其次,是信念,权力、权威往往会左右我们。再次,我们的是非观念很多时候会受环境影响,担心正直的人会受到排挤。最后,外界因素使我们意志发生动摇,使我们对不良现象、行为熟视无睹。

做一个正直的人,就会去掉犹豫徘徊,变得坚定果断;就会去掉懦弱,变得勇敢;就会去掉冷漠,变得热心肠;就会消除疑虑,变得心地坦然;就会没有孤独,带来友谊、信任和希望。

一个人的正直品格要在社会实践中逐渐养成和铸就,而不是与生俱来的。第一,不临阵退缩,要在关键时刻站出来伸张正义。第二,要锻炼自己,不讲假话,在一些细小的事情上做到完全真诚。第三,在名利得失面前能经受住考验,不丧失良知、见利忘义。第四,在个人独处或面对某种诱惑时,不违法违纪,能把握住自己。

首先从自己正直起来,以实际行动去影响他人,这样正直的人越来越多,正直的风气就会更加浓厚。不要埋怨别人不是正直的人,只要人人都做到了正直,不为世俗的偏见所动摇,整个社会就能形成正直的风气。

第 *8* 章

褒贬平常心

——受人褒扬不自大，受人轻贬不自贱

自尊自爱，自谦自让，这就是我们在面对褒贬时应当怀有的平常心。高傲者终将遭到周围人的漠视、厌烦；自贱者终将得到他人的不尊不敬。为避免成为这两种人，就要以平常心，公正地看待赞美与贬斥。

恃才傲物等于自掘坟墓

　　一个人成就事业、创造辉煌需要有一定的才华，但是对于自己的才华必须要能控制，要能有所把握。否则，恃才傲物会使本身的才华变成毁掉前程的祸首。

　　恃才傲物、性格过于张扬霸道、亲和力太低是很多聪明能干的才子最终失败的重要原因，他们往往在一朝得意之时就会忘乎所以。正所谓"聪明反被聪明误"，如果我们凭借自己的强势凸显于整个群体，就难免破坏了整体的和谐，造成"鹤立鸡群"的尴尬局面。这种孤立不仅是对集体的破坏，更可能招来自己的杀身之祸。在这方面，三国时期的杨修就是最好的例子。

　　杨修天资聪颖，才学过人，官拜相府主簿，他文笔流畅，替曹操捉刀代笔，掌管相府往来文印，深得曹操器重。然而，此人却恃才傲物，总喜欢琢磨、体察曹操的心思、心计，最终招来身首异处的悲惨结局。杨修惨就惨在他的才学过人。

　　在同僚面前夸耀自己深谙曹操心理，只顾得自己一时炫耀，却不知天下强主必多疑，终究会对自己采取行动的，他也因此遭杀身之祸。这就是最典型的聪明反被聪明误。

　　木秀于林，风必摧之；流出于岸，水必湍之。这是在告诉我们，一个人不能过多地、过于明显地表现出自己的优势，否则就难免会遭人暗算。害人之心不可有，防人之心不可无，你的本意并非要去得罪人，但是他人的忌妒之心并非你所能掌控，也就会因此遭受忌妒之暗放冷箭了。如果再不谨言慎行，如果不收敛你的"才华"，太擅辞令，滔滔雄辩，轻则遭受被耻笑的危险，重则就会如杨修般，性命堪忧。

指点江山、激扬文字的气度固然很潇洒，懂得证明自己的价值固然勇气可嘉，但是必须注意环境、必须注意场合等因素。踏踏实实做工作的精神才更为重要。知道自己的特长，找准自己的定位，这对于每一位职场中人都是十分重要的，前提是要清楚自己的实力。在任何部门工作都必须融入单位的团队里去，千万不要自以为是，觉得自己样样都比其他人强。从普通工作做起，不断学习，不断提高；从底层做起，凡事都不能操之过急；从小事做起，一步一个脚印，累积雄厚的实力，不断突破自己。

其实，在现代社会，表现自己并没错，表现出自己的才能和优势，充分发挥自己潜能，是适应挑战的必然选择。但是，尽量不要让你的表现看上去矫揉造作，要注意表现的场合、方式，特别是在众多同事面前。

日常工作中不难发现这样的同事：口若悬河、思路敏捷，却总让人觉得狂妄。这种人往往太爱表现自己，处处想显示自己的优越感，总想让别人知道自己很有能力，以获得其他同事的敬佩和认可。然而，自己过分地表现，不但不能在同事中树立很好的威信，反倒有可能招人厌恶。

这样看来，是要自恃自傲，还是适当行事，也就不言自明了。

接受批评,改过迁善

　　错误常伴我们身边,只要做事情就难免犯错。因此,正确面对错误,正确认识错误,就是要对错误有深刻的理解,勇于接受批评,知道错误是完善自己、促使自己进步的有效途径。这样思考之后,不仅会培养出自己知错就改的个性,还能使自己不断进步。

　　错误的时候,如果处理的方法很适合,坦言自己的过失,那么彼此就不会相互责怪。

　　唐太宗李世民,在几十年的统治期内,并不完全是因为他个人的才能使得唐王朝达到繁盛。作为一个君主,他最突出的品德,也是最应当具备的德行就在于知人而善纳谏,集众人的智慧而修其政,得以使自己善始而善终。

　　吴王恪是李世民的爱子,然而侍御史柳范却并不顾及这些关系,而是直面弹劾这位皇子畋猎伤民。同时,他还当面斥责李世民本人不该无度地出猎,且惹来李世民"大怒,拂袖而入"。但事后,李世民客观地认识到柳范所言却也属实,所以还是出来对柳范的批评表示接受。

　　李世民刚即位时,准备行幸,于是下令修建洛阳行宫。对此举措,给事中张玄素很是有意见,虽向李世民进谏:您在十年以前平定洛阳时,将隋朝的宫殿付之一炬，为何现在却仿效隋代大建宫殿，更何况如今唐朝财力还比不上隋代。要是这样的话，你还不如隋炀帝了！张玄素的话很是尖锐、刻薄，但李世民并没有恼羞成怒，却能点头叹息说："吾思之不熟，乃至于是！""宜即为之罢役，后日或以事至洛阳，玄素所言诚有理，虽露居亦无伤也。"

古人有"日知其非"，以"新我"胜"故我"之说，李世民一生的成就，也正是建筑在改过迁善的基础之上。所谓"行年五十而知四十九年非"，也正是这个道理。

应该说，一个在完整意义上精神健全的人，应当是具备了改过迁善的能力，应当是有自我意识的人。古人云，过而不改，是谓过矣。因此，在任何时候，任何人都应当改过迁善。古人云："盖世功劳，当不得一个矜字；弥天大罪，当不得一个悔字。"正所谓"浪子回头金不换"，史书上载有无数这样的事例。

在东晋时的江苏宜兴，有一个叫周处的青年，他是当地著名的强横。由于他横行霸道、凶横无比，很多人对他充满仇恨却也怕他，并称他为"三害"之一，另两害是当地河里凶残的恶蛟与山上吃人的猛虎。随着自己的长大成熟，周处也知道乡亲们对自己的评价，于是想改变自己。他首先将山中的恶虎杀死，随即他又与乡亲们商量，徒手与蛟龙搏斗，沿江沉浮而下，杀死了恶蛟。据说当时他与恶蛟搏斗了三天三夜，血水把河面都染红了。很多人还以为周处死了，当人们为这位大恶人终于死了而庆贺时，周处却满怀欣喜地回到了乡里。可以想象，人们为他死而庆贺的场面，是何等的难过，是何等的寒心。

于是，伤心的周处去当时著名的文人陆机、陆云兄弟家中，一来是想倾诉他的苦闷，二来也是想听听他们的高见。周处说："以前我浑噩于世，我现在是十分痛悔以前所作所为，但是也怕自己年事蹉跎，有心悔改却也来不

127

及了！"陆云就对他说："认识错误，改正错误没有早晚的区别。就像古语所讲，即便是晚上死了，早晨能认识到真理也是无所遗憾的。哪里有发愤做人而一事无成的道理？只是有人缺乏勇气立志，更何况你年华正茂，以后的人生路还是很长的。"周处听了以后，回去刻苦读书，潜心习武。不久他学有所成，名声在外，各地聘书雪片般飞来。后来，周处成为国家的大将，官至御史中丞，并且在抵抗外族入侵的斗争中，以身殉国，终成为一名英雄。

在日常生活中，许多人有自知的能力，但如果只是自我作茧式地品味痛苦，而不落实于行动，也将是一无是处。正如古人所云"改过宜勇，迁善宜速"。有许多貌似不起眼的小事，如果做错了，就有可能会破坏一个人的形象。

说错了一句话，就要尽快说一声"对不起"，这是最好也是最快的弥补方法，当然有必要的话，还可以想其他的、进一步的弥补方式。当我们在雨天拿错了别人的伞，必须立刻归还；当我们做焦了一锅饭，不要僵立而等家人回来笨嘴拙舌地解释，必须马上重烧。所有自己做错的事，要有勇气不找任何的借口而立刻改正之，更要有勇气算在自己的头上。古时有皇帝曾经以下"罪己诏"的方式改过来重新赢得民心。很多时候，当你坦率、诚实地承认自己的过失，非但不会因暴露丑恶而使自己失面子，反而会赢得别人对你的敬佩和尊重。

正视自己，怀有自尊

自尊是一种要求得到别人尊重的情感，是激发人们积极向上的动力。每个人都应拥有自尊心，只有拥有自尊心才能得到别人的尊重，才会在精神上崛起。

孙颖是一位来自大山里的姑娘，通过自己的苦读，终于以优异的成绩考入了浙江大学。本就出身贫寒，家里又因母亲的生病求医，欠下了不少钱。一个偶然的机会，孙颖的情况为媒体报道，一时间迎来很多好心人的捐赠。

面对众人的捐赠，孙颖十分感谢大家，却并非无休止的吸纳，因为她更希望通过自己的努力来支撑整个家庭。

在金钱面前，孙颖没有迷失自己，而是牢牢地把握住了尊严。人之所以为人，是因为他自尊，就是因为他在精神上独立。若是因为金钱便动摇了他的意志，即使富甲天下，也不会是一个顶天立地的人。唯有那些不为物质泯灭尊严、拥有自尊的人才会得到他人尊重。

自尊是一个人必须必备的操守，是一个人的脊梁、一种依托、一种凭借、一种支撑，是一种无畏的气概。自尊是人的一种生存态度，它能给我们带来力量、能量与对生活的动力。生活中，我们难免会遇到他人的冷眼，甚至是轻贱，要想坦然面对这些，就需要我们秉持着一份自尊，因为它会如一

泓清纯的山泉，润养着我们的心灵，正所谓富贵不能淫、贫贱不能移、威武不能屈，如此我们才能不卑不亢地平和面对。

春秋时期，齐国和楚国本都是大国，而楚王争强好胜，仗着自己国势强盛，趁着齐王派大夫晏子出使本国时，想乘机侮辱晏子，以彰显楚国的威风。晏子本是个身材矮小的人，于是楚王就令人在城门旁边开了一个 5 尺来高的洞。当晏子来到楚国城门下时，城门紧闭，看守城门的人向晏子指了指门旁的洞，示意他从这个洞钻进去。晏子看了看，毫不示弱地对接待的人说："我是来访问'狗国'吗？所以才要从狗洞进入？我先在这儿等一会儿，你们问个明白，看看楚国到底是个什么样的国家吧？"接待的人立刻将晏子的这番话传给了楚王。听罢，楚王只能无奈地吩咐让打开城门，迎接晏子进入。

无论面对什么样的情境，自尊都不能失去，因为当你抱有一份自尊时，才能够坦然面对、应对眼前的状况，才能不过谦卑。

自夸有百害而无一益

> 自我炫耀、自夸自傲往往会使我们忘乎所以，也会使我们
> 周围的朋友越来越少。自我鼓励是积极的做法，但过度就会走
> 向自负的漩涡。

自信可以使我们在困难的时候，坚定信念、勇往直前。但是，自信过度会变成自负，脱离实际的自负是不能帮助人们成就事业的。自负会对我们的生活、学习、工作和人际交往产生负面影响，严重的还会影响心理健康。

当我们有一件值得称赞的事情被人发觉之后，大多会迎来周围人很自然的称赞。但如果你做了好事，自我夸耀地叙述出来，就往往会招致别人的反感和轻视。因为人们最不喜欢的人之一，就是喜欢在别人面前夸耀自己的人。

"这是些乌合之众、愚蠢的家伙，我毫不费力就把它研究出来了，而他们却在那里整天忙碌。""若不是他当初听从我的指点，怎么会有今日的成就。""你瞧，我能不比你强吗?这事做得多漂亮!"这一句句夸耀的话从我们的口中说出去，在别人的心中产生反感。

爱自我夸耀的人，自视清高，鄙视一切，因此找不到真正的朋友。这种人只会吹牛，不大理会别人的意见，因此周围人也会避之唯恐不及。这种人瞧不起别人，常自以为最有本领，没有人比他更能胜任工作。于是，他使自

己成为孤立者。

有一位在工厂从事统计工作的女性，因为工作变动，她被调到某机关做文秘工作，结果上班第一天，就与陌生的同事大谈自己如何如何行，大说自己的过去如何辉煌。甚至还冒出一句"像我这类人在工厂属上上人"。此言一出，使同事不由得想：你是上上人，还调到我们这里干什么？

自我表扬是不正确看待自己、自高自大的表现。对别人的优点视而不见，这种人常常不作自我批评，只知道高高地昂起头，似乎这世界就"唯我独尊"了。这种人常常是为大多数人所不屑和厌恶的。自我表扬的结果就是，给人一种感觉：别听他瞎吹，这个人所说的话一点也不可信。而且，这样做只向别人证明，其实你根本没什么炫耀的资本。

小王是个头脑灵活、思路敏捷的小伙子，他看起来确实有点儿聪明。一天，他去一家大宾馆应聘工作。客房部经理是这次面试工作的面试官，在常规地了解完小王的一般情况后，经理问小王："我们这是一家国际性饭店，因此要经常接待外宾，需要一定的外语水平，你学过哪门外语，水平如何？"小王心想这可正中下怀，于是很自豪地说："我的英语在学校总是名列前茅，在很多次英语课上，我提出的问题英语老师都支支吾吾地不知该如何去解答。"

经理笑了一下又问："多方面的知识和能力是一名合格招待员应当具备的……"还不等经理说完，小王就急忙抢着说："我在校各门学习成绩都不错，我想是不成问题的，我的接受能力和反应能力也都很快，我想我和其他招待员相比，一定不会比他们工作得差。"经理听完后说："这么说来，就你的学识，当一名招待员是绰绰有余了？"小王很自信地说道："我想，是这样。""好吧，就谈到这里，你回去听消息吧。"

小王对今天的应聘表现很满意，他沾沾自喜地回去等消息，然而不长时间他接到的却是不录用的结果。

其实，在小王的应聘过程中，并没有给经理留下好印象，他原本是想自夸一番，抬高自己，以便获得经理的信赖，没想到结果却是失去了别人的信任。

世界上本没有多少值得自我夸耀的事，如果自己说过头了，反倒让别人瞧不起你。脸是自己丢的，面子是别人给的，赞美的话只有出自别人之口，才具有真正的价值。一个人若真正具有某种本领或才智，应当会自然得到别人的公正赞许，不必自己强求。

凡是有修养的人都明白，好坏自有公论，不必自吹自擂。自己的功过别人看得清清楚楚，何必过分夸耀自己呢？

感谢批评你的人

批评我们的人是我们应当感激的人。有了他们的帮助，我们可以很轻松地发现自己的欠缺。因此，在我们积极进取的过程中，批评者是我们要感恩的对象。

如果听到他人在谈论你的缺点时，首先不要急于为自己辩护，要冷静下来。最好是能静下心来，仔细地倾听一下，看看对方都说些什么内容。因为，有时候，批评可以使我们更好地完善自我；从批评你、反对你的人那里，或许你可以得到很多教益。让我们一起来看看生物学家达尔文的故事吧。

当达尔文写完《物种起源》时，他已意识到这必然会招来不少的批评、指责甚至辱骂，因为他在书中提到的理论是一个革命性的学说，这一定会震撼整个宗教界及学术界。因此，他耗时15年不断查证，主动地开始自我批评，并不断向自己的理论发出挑战，为了使自己的理论更加无懈可击，他以批评来完善自我。

不管正确与否，当别人批评我们的时候，采取防卫姿态似乎是我们的一种本能反应，因为人们总是喜欢被别人赞赏，讨厌被别人批评。我们并非动物，但是很多时候，理智的我们就像狂风暴雨汪洋中的一叶扁舟，可能会不堪一击。

在别人谈论自己的缺点时，没头脑的人就会急于为自己辩护，其实这样只会贻笑大方，并不能给我们带来什么好处。

我们都不可避免地会做一些蠢事，因为我们每个人都无法成为圣人。也许随着岁月的流逝，在我们长大后，当回想起年少时做的傻事，也会脸颊泛红。"我经常责怪别人，不过随着年龄的增长——但愿也同时长了一点智慧——我最后发现应该责怪的只有自己。"这是一位伟大的哲学家所说的。其实，岁月是有巨大的力量的，随着年事渐长，保持这种自我分析的习惯，就会发现错误是可以越来越少的。

"我的失败完全是咎由自取，不能怪罪别人。我最大的敌人其实是我自己，这也是造成我今天不幸命运的根本原因。"这是伟大的拿破仑在被放逐到圣海伦岛以后，回忆起自己的戎马生涯所说的话。

艾森豪威尔是一位懂得自我管理的艺术者。他一直用一个记事本，记录着一天中有哪些约会，并且几十年如一日地坚持着。艾森豪威尔常把周末晚上用来自我反思，这也是家里人从不指望他回去参加周末晚上的家庭聚会的原因。艾森豪威尔要评估自己一周中的工作表现，要反省一周来所有的面谈、讨论及会议所涉及的事项。而这时他的主要列表就是自己的这个记事簿。在周末的晚上，他自问："我还能如何改进自己的工作表现？我当时做错了什么？在这次经验中，我还能吸取什么教训？有什么是正确的？"这种每周例行的检查，有时他真不敢相信自己的莽撞，有时会弄得他很是懊恼、心烦。

在年轻时，富兰克林每晚就进行自我反省。他曾发现自己有13项严重的缺点，睿智的富兰克林知道，不改正这些缺点是成不了大事的。于是，他便每周选择一个要克服的缺点，并每天记录取得成功的是哪一项。就这样，在下一周，他再努力克服另一个缺点。因为有了努力的目标，在整整持续的两年当中，就这样他与自己的缺点奋战，受益匪浅。最终，富兰克林成为一位受人爱戴、极具影响力的伟大人物。

"人们一天起码有5分钟是糊涂的，智慧似乎也有盲区。"这是艾尔伯特·哈伯特说过的。由此看来，只要你能够去改正，每个人身上的缺点就会愈来愈少。缺点大多是需要我们自己发现的，但是对那些主动批评我们的人我们应当表示欢迎和感谢，因为他们帮我们发现了缺点，并积极地指正，使我们受益颇多。

善恶平常心

——从善当如流，弃恶当如遗

善与恶是人类与生俱来的，它们是人性的一体两面，同属于德的内容，是可以相互转化的矛盾统一体。通过后天的教化，扬善者上升成为好人，作恶者堕落成为坏人。

一念间的善良，映衬心里的洁白

也许你不经意间的一句暖心的话语，会给一颗即将冰冷的心带去无限的温暖；也许你不经意间的一次善举，会使深陷困境中的人们走出绝望。所以多多发自善念帮助别人吧。

曾有一位哲学家在众门徒面前，问道："人生在世，最需要的是哪一件事？"众弟子各有所应，说出了很多答案。但最后在教室的角落里，一位学生答道："一颗善心。"哲学家欣慰地说："正是。""有着善心的人，能自安自足，对于他人是一个良好的侣伴。其实，你在这善心两字中，包含了别人所说的一切，因为有了善心，你就能去做一切与己适宜的事，因为有了善心，你赢得了可亲的朋友。"

坦直、诚恳、忠厚、宽恕的精神，一种爱人的性情，这就是善心。

如果一个人能够尽心努力去为国人服务，那么他的生命就是很有意义和价值的。最有助于人的生命的，就是养成善心善意，而且越早养成越好。我们把鼓励、扶助、亲爱、同情给予他人，我们本身不会因"给予"而减少什么；我们给人愈多，自己所收获的也就愈多。我们会从他人那里收获亲爱、善意、同情、扶助，正如我们的给予。

人生一世，如果不能慷慨地给予，就很难得到他人对我们的亲爱、同情与扶助。在贪得无厌、自私自利的心理下，我们大多数人都习惯于那足以无情的、硬化人心的、冷酷的商业行为。在这种情况下，我们常常会狭隘地，看不到他人的好处，只能看到别人身上的坏处。与此相反，假使我们真能改变态度，只注意到他们的好处，而不是去指责他人的缺点，那么于己于人，均有益处。因为当我们发现他人的好处时，他人也会因此而更加努力。

对别人理解和谦让，这是善良的人宽容和感激之情的表现。他们能承认别人的长处，感谢别人的帮忙，并且能够记住别人的好处。常言道，受人滴水之恩，定当涌泉相报。要知道愤恨和抱怨是个双刃剑，他不仅伤害了自己，同时也伤了别人。感激产生于善的土壤，是一种良心的发现。牢骚和抱怨不止的人往往缺乏善心。

在巴西某个偏僻的山村里，一个暴风雨之夜，有位女士即将临盆。这位孕妇身边除了一个 5 岁的小男孩，没有其他人，因为她的丈夫正在监狱服刑。情急之下，这位孕妇只能报警。可是暴雨已经造成洪灾、泥石流，留守的警员只好打电话到地方性服务社团团长家里，因为当时相关的救护车和救灾人员已经全部出动了，警察也只能这样请求协助了。

那位团长马上答应，并且冒着风雨亲自把孕妇送到医院，一切都很顺利，女士顺利生产，母子平安。突然，团长想起这位女士的家里还有一个 5 岁的儿子，因为暴雨凶猛应当立即把他接走。想到这儿，团长便用手机给社团里最后一个还没有出动的团员也是最不热心的人打了电话，希望他能去救助那位受困的小男孩。

果然，那位"落后分子"很不情愿地从被窝里钻出，十分懒散地驾车开往小男孩的家，他一边吹口哨、一边诅咒鬼天气，在费了一番周折后，他好不容易找到了小男孩的家，找到小男孩后将他抱上了车。

小男孩上了车后，在盯着这位"落后分子"看了一会儿之后，突然开口道："先生，你是不是好人？""落后分子"有些丈二和尚摸不着头脑，被这突

如其来的问话给"震"住了，心想莫非小孩受到惊吓神经出了问题？他将口中嚼着的口香糖吐出，有点结巴地问："小弟弟，为什么说我是好人？"

小男孩说："刚刚我妈妈要出门时，她说，这个时候只有好人能救我们，并且告诉我要勇敢地待在家里。"落后分子听了这话，很惭愧，他的脸一下子红了，他腾出一只手摸了摸孩子的头，十分愧疚地说："我是你的朋友，我不是好人。"有一天自己也可以成为别人眼里的"好人"，这是他万万没有想到的，他突然觉得是那孩子天真的眼神，为自己点燃了内心的那盏灯——向善的灯。

小小的善举，会给自己带来快乐，可以给他人带去温暖、感动。请去为别人做件好事，如果是在你烦恼的时候，你会因为做了这事而开心起来的，这是对自己的最好奖赏。

能行善事，心自快乐

最高境界的善行就像水的品性一样，不争、不求名利，却能恩泽万物。正如《老子》所云："上善若水，水善利万物而不争。"

有医院或护养机构的义务工，他们默默地配合着需要帮助的人，他们为了心脏、肾脏、癌症、神经痛等各种的医学研究而从事募款活动。一心只期待着自己的努力对于别人能有所帮助。他们认为必须做这样的事，并且享受帮助人的喜悦。

第9章 善恶平常心
——从善当如流,弃恶当如遗

有目的性"助人"其实是伪善,帮助应当是发自内心的,不求回报的,正如朱子治家的格言所讲:"善欲人见不是真善,恶恐人知便是大恶。"伪善比袖手旁观更令人反感,如果不是发自内心的坦诚、真诚,助人并非自愿的,那么也就不会收获快乐的心情,本来给有缘人一点点力所能及的帮助是多么简单、多么美好的事,请不要掺杂不良因素。投入的成本有多大期望便有多高,这往往是做一切都朝着某个目的出发的人的作为,其实这样做很不明智,因为"感情交易"是最不可靠的。

一位名叫冕的古代的乐师来看孔子,这位乐师是个盲人,于是孔子出来接他,并扶着他前行。当快要上台阶时,孔子告诉他这里是台阶;当快要到席位时,孔子告诉他这里是席位了请坐吧;当大家都纷纷落座时,孔子就告诉他哪位先生在你左边,哪位先生在你对面,等等。

等乐师冕走了,子张就问:"老师,待乐师之道,就要这样吗?就是要处处都要讲一声,规矩十分多吗?"孔子说:"当然要这样,这不仅是待乐师之道,对眼睛看不见的人,我们更要在做人做事的态度上善待他们。"

莎士比亚曾说:"慈悲不是出于勉强,它是像甘露一样从天降下尘世,幸福不但会降临于受施的人,也同样会降临于给予的人。"行善无迹的人通常才是最幸福的,小小的善意行为,信手做来,不用言表,这也会使内心感受到一种莫名的快乐。

常行善的人笑容可掬,和蔼可亲,这是因为人有行善的本能,行了善心情特别舒畅,也会感受到无比的快乐。慈善家,义工,爱心团体,因为他们内心和外表一样美,在给需要帮助的人们送去帮助的时候,他们自己的内心也得到了满足,所以他们常是快乐的。他们不追求个人利益,因为他们懂得人生的价值。

李勇是一个普通的小商人,经营着一家店面不大的砂锅店,生活不算

富足，但因为李勇是个孤儿，并无太多家庭奉养的花销。他开始积累自己的盈余，用这些钱去供给一些穷困生读书，日积月累，李勇在自己的坚持下供养出了两名大学生。当地媒体得知此事，想对李勇进行采访都被他婉言拒绝了，后经多次探访，李勇也只是朴实地说了句："做这事，我高兴。"

那些总是想着算计别人、跟别人计较、讽刺别人的人，即使给他们全世界，他们也总是挂着阴暗的表情或堆着虚伪的笑容；那些善良、正直的人总能够感受到快乐，因此他们的脸上也就会显露出平静与快乐。不知满足、不爱别人、不会放开心胸感受世界的美妙，这就是他们不会快乐的重要原因。这些人因为贪婪，只会无止境地放纵自己的欲望。

感受到生活的美好，感受到生活回报给你的爱，这是每一位心中有爱、有善心的人都能体会到的。善良地对待别人、热心地帮助别人时，人们往往不会再过多地烦恼自己的小问题，而是会感到满足，得到意想不到的快乐。这样做会使世界变得更加光明，人与人之间的关系更加友好。

勿以善小而不为，勿以恶小而为之

一件善意的小事，也许对你而言微不足道，但是"勿以善小而不为"。很多善事都是从小事做起的，一件善事无论其大小对他人而言都会产生快乐和感动。

"尽美固可扬，片善亦不遏"，这是唐代诗人孟郊《投所知》中的名句。于微小的长处不应该拒绝，于尽善尽美之处固然要很好地称赞，这是为人处世应当关注的方面。

小李觉得在公车上能为那些老人、孕妇和小孩让座，是很自然、很平常的事。同时，那些接受了帮助的人也会很有礼貌地感谢她，有些人还会在下车的时候再次微笑着感谢她，有些人会很友善地开始与她交流。小李这样回忆自己的这些美好经历：别人会给你回报后的喜悦，只要你诚心诚意地对别人做了一点点好事。

小李在对别人付出时，自然也得到了他人的帮助。比如有一次，她从老家回来，拿了很多东西，很是不方便，车上的一位男士很热心地从座位上站了起来，将座位让给了她。当时拿着大包小包的小李，自然是感激不已，这小小的温情让她很快乐！

帮助别人，可以做的善事就在身边，这是可以使双方都快乐和满足的事情，而且只要我们用心去做就行了。的确，使他人受益匪浅的很多来自

"善小"，当然许多的"恶小"也会使人们失去很多。只是因为儿时的一丝贪念，或许有些人最后成为无恶不作的强盗，因为正是这样的"恶小"的累积导致了一个个的悲剧发生，所以不要小瞧小偷小摸——"勿以恶小而为之"。

西方有一句著名的谚语："一个钉子能毁灭一个王国。"不要让小的错误造成大的后果，一个人不要小看自己所犯的错误。要知道毁了一匹战马，可能会输掉了一场战役，而这匹战马可能是因为当初掉了一个钉子，而坏了一个马掌，坏了一个马掌，而毁了一匹战马，最终一个国家可能就会毁于这样一场战役。小小蚁虫的啃噬，可能会使高大的堤坝摧毁，正如"千里之堤，溃于蚁穴"所讲。而对于一个人来讲，一点点小错的积累，会使你的人生毁于一旦。

轻视平凡的小善，就不会做出伟大的事情，因为大事是以一件件小事为基础的，大事是小事的累积。轻视一棵树，就不会有茂密的森林；轻视一滴水，就不会有浩瀚的海洋；轻视一块块的砖石，就难以盖好高楼大厦。古人有许多强调"做小事"的重要性，千百年来一直流传着纳川成海、聚沙成塔、积善成德、集腋成裘、垒土成山的成语，这些告诉我们：从点滴做起，从小事做起。

举手之劳的小小的善举，并不需要我们付出很多，却会使我们拥有谅解、和睦、友谊。为自己做点事，为社会做点事，为他人做点事，在持之以恒中延伸，美好的生活就是在大家的点点滴滴中创造出来的。请留意你的行动，因为习惯能成为性格，因为行动能变成习惯，因为性格能决定你的命运。因此我们应当时刻留意自己的习惯、性格，这才能够使我们的道路不会偏离正道。小与大是相对的，再小的恶也是恶，再小的善也是善，因为善与恶是绝对的。"勿以善小而不为，勿以恶小而为之。"这确实是值得我们谨记的话，因为善是一种循环，恶也是一种循环。

人与人相处，既简单却又最容易忽略的可能就是"替人着想，为人付出"。我们一发生事情马上想到埋怨到底是谁弄的，责怪这个埋怨那个，最终事情也无法得到解决。我们内心中要常存利于他人的心，我们应该更加关注如何反省和改正自己的过失。

"物置不正"、"与之杯水"、"几微言语动作，皆有可以利益于人者"。做任何的微小言语动作，只要是出于真诚的善心，就会带来很好的效应。所以，善不在于大，而在于是一份心，善心是最能够感染、帮助他人的。"惟行之攸久，乃有利益耳"，需要经常做善事，在平常的生活点滴中行善，才能对他人产生真正的利益。

无须多虑，只要心存善念

具有善良之心，多行善举，个人获得裨益的同时，也会给社会大众带来利益。不要多虑，只要心存善念，只要辨清是非黑白，就请多多行善吧。

同情弱者，帮其所难，这是怀有善心者的做法；慷慨解囊，济人之困，这是怀有善心者的行动；挺身而出，见义勇为，这是怀有善心者扶善抑恶的行为……正如我国古训所言："行善积德"，这些善行善举，从不同的角度彰显了一个人的高尚精神风貌。服务他人、医治病患、与孤儿同乐、救生放生，等

等，都是以一种实际行动在布施善行，毫不存在沽名钓誉或其他任何自私的意念，只是基于纯粹救助别人的动机，唯有如此才可说是真正的善行，也才真是完全奉献于他的行为。

国外一项调查资料也证明，会把时间用在运动等快乐的事情上，往往是善良、乐观、向上，喜欢微笑者的行为；把时间常放到算计他人上，用不良的心态怀疑他人，与他人为恶，往往是不善良人的行为。从这个调查可以得知，不善良的人要比善良人的生活质量低、寿命短。

一个喜欢行善的人，在外貌上也大都显得慈眉善目，这或许是由于他们经常心存善念，因此面目慈祥，和蔼可亲。与其交谈，往往有如春晖普照，常常令人产生由衷的敬佩，他们很容易亲近不会让人有距离感。由于他们平时广结善缘，因此一旦有事，这些有口皆碑的人往往能够左右逢源，逢凶化吉，所谓"得道多助"、"吉人天相"，因此也往往能够成就更大的事业。

农场主德里斯是个刻薄而吝啬的人，而罗斯福年轻的时候就正巧是在这家家乡的大农场里工作。

一次，罗斯福负责的工作出了一些小问题，德里斯便以此为借口，竟然将罗斯福全部的工资都扣除了。生计受到威胁的罗斯福自然气不过，于是就将德里斯告上法庭。然而，毕竟德里斯是大农场主，他提早拉来了在农场做工的工人来为自己作伪证，于是罗斯福不仅没有讨到薪水，还被德里斯倒打一耙，赔上了不少诉讼费。

后来，罗斯福成了美国总统。20年后的一个周末，罗斯福家来了一位不速之客，居然是当年的大农场主德里斯。原来，德里斯几乎面临破产，因为当时的美国正在经历着经济危机，德里斯的农场急需资金支持，可是德里斯吝啬得臭名昭著，没有人愿意为他担保。德里斯虽然也知道当年狠狠地欺压过罗斯福，但在无奈之际，他不得不来找他。罗斯福听完德里斯的哭诉，决定为他担保，虽然当时妻子很是反对，并多次给罗斯福暗示，但是罗斯福在一番思索后，还是让他借到了那笔救命的贷款。

德里斯走后，妻子责怪道："你干吗还去帮他？难道你忘记他当初怎么对待你的吗？"

罗斯福慢悠悠地说："善良不会因为面对的是一个善人或者恶人而改变，假如一个人真的善良，那这就是它的天性。我也是天性使然，你总不会是让我也变得凶恶，这还是真正的善良吗？"

美国科学家曾经做过一项关于善恶者的调查，结果发现：那些心存感恩的人，身体更健康，他们常做好事(善事)，容易化解和应对各种压力和紧张情绪。同时，研究还表明，当人表现出善意举动时，血液中复合胺的含量也会升高，同时大脑会释放出多巴胺。而这两种物质可以使人心情愉悦，减轻压力，能使人在激动和紧张中恢复平静。最新研究还表明，类似于"感激"、"爱"、"满足"等情感的影响，会刺激人脑下垂体后叶激素的分泌。这种激素会使神经系统放松，减少人们的压抑感，会使脑部和心脏有同步电流产生，体内各器官组织的含氧量显著增加，从而使体内各器官的运动更加有效，就像一种对健康极为有利的康复治疗。

胡雪岩是位儒商。有个商人在一次生意中犯了一个很严重的错误，急需一大笔资金来周转。为了救急，想以非常低的价格转让自己全部的产业。后来这人找到了儒商胡雪岩，胡雪岩得知此人经历后，不仅答应了他的请求，还按照当时实际的市场价购买了对方的产业，结果自然是要比这位商人预料的要多出很多资金。

那个商人不明白胡雪岩为什么连到手的便宜都不占，在惊愕之余，难免会生疑惑。胡雪岩说自己只是暂时帮他保管这些抵押的资产，并拍着对方的肩膀让他放心。同时对这位商人许诺：只要他挺过这一关，随时来赎回

这些房产，而且只是在原价上多付一些微薄的利息即可。这位商人自然是对胡雪岩的举动感激不已。后来，商人也成了胡雪岩最忠实的合作伙伴。

胡雪岩对其下属讲过这样一段经历："有一次，我去某地办事，恰巧在赶路的途中遇上大雨，多亏当时带了伞，便帮着人家打伞。自打那以后，如果是下雨的时候，我就常常会帮一些陌生人打伞。没过多久，那条路上的很多人都认识我。因此有时候，我自己忘了带伞也就不会怕。"

在胡雪岩看来，那位商人的产业或许是祖辈多代传下来的基业，倘若自己是以他开出的价格来买，商人可能就一辈子翻不了身。因此，当时自己的行为不是单纯的投资，而是对得起良心，交了朋友，救了一家人。再就是雨伞，谁都有雨天没伞的时候，你肯为别人打伞，能帮人遮点雨就遮点吧。这样才能换来日后别人心甘情愿地为你打伞。

在那之后，无论官绅还是百姓，越来越多的人知道了胡雪岩的义举，他们都对有情有义的胡雪岩敬佩不已。

当自己遭遇困难时，我们通常会得到自己帮助过的人的救助。善行必会衍生出另一个善行，善行终会招来善报。这种因果必然是这个世上颠扑不破的真理。

善有善报，多行善举

"人只有献身于社会，才能找出那短暂而有风险的生命的意义。"这是伟大的科学家爱因斯坦说过的话。只要我们肯付出，不必计较付出了多少，终究会得到应有的回报。

"善有善报"是一种客观存在，所谓"善"指的是诚实、宽厚、善良、无私、平和、廉洁等优良品德。"恶有恶报"也是一种客观存在，所谓的"恶"，指的是刻薄、仇视、虚伪、自私、恶毒、贪婪等恶劣的品德。

经常做善事、行善举的人通常都有一颗细腻的关怀之心，他们会在日后的人生旅途中，不知不觉地获得方方面面的幸运。帮助患难的人解决困难、排解痛苦是一种缘分，这是很多行善人的想法，他们会认为这是一种快乐，是一种积德，更是一种人生价值的体现。因此，他们心态平衡，心里感到踏实，精神愉悦，感到满足。

与此相反，作恶者心态常处于不平衡状态，心有内疚，吃不香睡不着，终日提心吊胆，当然也不会有好下场。

巴西医生艾伦领导的科研小组，在长达数十年的时间里做着这方面的研究。他们对 583 名声誉良好的人和 583 名被指控犯有各种类型错误的人进行了跟踪研究，最终得出令人吃惊的结论：后者有 5/6 的人不得善终，患上心肌炎、心肌梗死、心绞痛等占 17%，脑溢血、脑梗塞等其他病占 30%，

癌症占53%。而前者只有16%的人生病，且无死亡记录。艾伦最后认为，这些有污点的人们，长期精神紧张，心理失衡，神经功能、内分泌失调，新陈代谢、消化与排泄功能等紊乱是造成他们得病的主要原因。

孔子多次对弟子们强调说："大德必得其寿。"历代医学家们都将养性修德作为养生之首务，因此，孔子言论不仅是对道德高尚的人的一种赞扬，而且其进一步含义就是恶人短寿。

曾经有位勇敢的少年以实际行动，在荷兰的一个小渔村里，让全世界的人们懂得了什么是"无私奉献的回报"。

在一个漆黑的夜晚，大海在咆哮着，巨浪击翻了一只渔船，船员们都很担心自己是否能安全度过此夜。

他们发出了求救信号，幸运的是刚好救援队的队长在岸边巡视。队长听到警报声后，便急忙召集救援队员，他们集结上了救援艇立即冲入海浪中。

当时，村民们也得知了这个消息，他们每个人都举着一盏灯，以便照亮救援队回家的路，并忧心忡忡地站在海边祈祷。

一个小时之后，村民们欢声雷动，喜出望外，因为在不远处救援艇冲破了迷雾，正向岸边驶近。当村民们精疲力竭地跑到海滩时，却听到了队长无奈地说："无法搭载所有遇难的人，因为救援艇的容量有限，没办法只得留下其中的一个人。"

听见还有人危在旦夕，原本欢欣鼓舞的人们，立刻都安静了下来，人们的情绪顿时再次陷入不安与慌乱中。

此刻，来不及喘息的队长，准备前去搭救那个最后留下来的人，又开始组织另一队自愿救援者。这时一个年满16岁的孩子克西立即上前报名，然而，他的母亲急忙抓住他的手，严声阻拦说："10年前，你的父亲在海难中丧生,克西,你不要去啊!并且,你忘记了吗?3 个星期前你的哥哥里奥出海,至今还音讯皆无呢!孩子,千万不要去!你现在是我唯一的依赖。"

听了母亲的话克西心头一酸,看着母亲,却仍然强忍着心疼,坚强地对母亲说:"如果每个人都说'我不能去,让别人去吧',那个人就不能得救了。所以,妈妈,我必须去,您就让我去吧,这是我的责任,您也很清楚,只要还有人需要帮助,我们在场的每个人又都应当竭尽全力地救助他。"

说完克西紧紧地拥吻了一下母亲,便和其他救援队员义无反顾地登上了救援艇,一起冲入无边无际的黑暗中。在漆黑的海滩上,克西的母亲静静地站立了一个小时,虽然仅是一个小时,却是无比漫长的煎熬,因为母亲心中充满着焦虑,忧心忡忡。

就当人们焦急不已时,救援艇冲破了层层浓雾,慢慢出现在人们的视野中,人们清楚地看到克西站在船头,朝着岸边眺望,岸边的众人不禁向克西高喊:"嗨,你们找到那位留下来的人了吗?"

克西开心地朝人群挥着手,远远地大声喊道:"他就是我的哥哥里奥啊!真是很幸运,我们找到他了。"

16 岁的克西秉持着一份对生命的爱与热情,以那份"我为人人"的奉献精神,让我们看见人性之光的灿烂。他前往救援的决心坚定,即使是母亲的哀求也义无反顾,最后救回来的人竟是他的哥哥,这更让人兴奋和备感欣慰。

正如一句名言所说:"一种纯粹的快乐,只有在行善时才能得到。"一个人能够行善,积极地为社会、为国家、为人民做些力所能及的善事,那行善的结果,必定是不仅个人受益,社会大众也会获得裨益。多行善举,秉持善良之心,使自己获得快乐。

从善如流，能让你广结善缘

物以类聚，人以群分，你善待了别人，生活也会善待你。近朱者赤近墨者黑，行善者也总与善行者为伍。你的善行会给你带来善缘，在一个充满正面的环境下你也会生活的更加阳光。

《左传·成公八年》："君子曰：'从善如流，宜哉。'"从善如流，是指接受善意的规劝、采纳高明正确的建议和意见，像流水那样自然而畅快，就是告诉人们要乐于接受别人正面的东西。

正如中国古训所讲："行善积德。"正是因为你的施以善举、济人之困、慷慨解囊；正是因为你心怀善心、帮其所难、同情弱者；正是因为你扶善抑恶、见义勇为、挺身而出……正是因为这一幢幢、一件件行善之事，才会使你的内心更加阳光，也因为你的积极态度而吸引了更多的积极因素靠近于你。

我们生活的这个社会就像是一面镜子，你可以从中看到自己。你礼貌待人，别人也会礼貌待你；你尊重别人，别人便会尊重于你；我们的善举、善行自然也会通过各种社会行为反馈于我们，而这种正面的反馈多了，就会促使我们更加积极，这也就是为什么自己的善举会带来善缘的道理。

从善如流，首先如何能够从善。一方面，我们可以跟随他人做些善举，像是参加一些公益活动；另一方面，我们也要懂得"作用力与反作用力"的道理。正如一句名言所说："一种纯粹的快乐，只有在行善时才能得到。"一个人能够善行，积极地为社会、为国家、为人民做些力所能及的善事，那行善的结果，必定是不仅个人收益，社会大众也会获得裨益。多行善举，秉持善良之心，使自己获得快乐，这就是善行的"反作用力"。唯有这种良性循环，才能使我们真正的从善。

对陌生人报以微笑，对身边的亲人说出感激和关怀的话，坦然地面对世事，怀有一颗善心，对需要帮助的人伸出援手，在日积月累的沉积、积淀之中，就会水到渠成的为你自己结下善缘。善缘不仅会使我们所处的环境变得更加美丽，也会使自己更加开心，感到幸福。

第10章

恩怨平常心

——常怀感恩心，莫做怨念人

对生活怀有一颗感恩之心的人，不会抱怨生活，他的人生充满阳光。无论遇到什么困难，怀着感恩的心，就会使生命时时得到滋润，就会使灾祸变成福祉。因此，莫做埋怨之人。

爱抱怨的人，注定是个弱者

不能积极地行动，不敢面对现实，总是生活在抱怨之中。这是弱者的表现，当面对种种不公时，抱怨只会使他们变得更懦弱。停止抱怨，行动起来改变生活，就可以以另一种姿态成为人生的强者。

不比较就不能确立自己的位置。很多时候，抱怨是产生于比较之中的。为什么他比我幸福？为什么我没他生活富足？为什么这些不幸不发生在他的身上，统统来找我？我们会从物质到精神，像是子女的出色与否，工资的多寡与否，住宅的大小与否去和他人进行比较，似乎不通过比较就不知道自己怎么样。但是，可曾想过，正是这种比较使我们产生抱怨。近三成的人希望通过抱怨来解决问题，更多的人认为，通过抱怨可以发泄内心的苦闷。

在失败面前，抱怨者习惯为失败找借口。在日常生活、工作中，弱者以借口来回避失败，抱怨是弱者常用的借口。强者从方法中寻找成功，在面对问题时也总是先想解决的途径。弱者总能编织各种各样的理由，找出种种借口，掩饰自己的懦弱、错误和无能。借口背后隐藏着他们对困难的妥协和对生活的迷惘。

其实，生活中成功、失败、幸福、挫折都是与我们相伴而行的，只是程度不同而已。抱怨的人把自己的不幸归于命运、环境、社会、天地，不能正视现实是弱者的表现，这并不能改变事实。

在比尔·盖茨看来，借口、抱怨，从来都是弱者的标志，一个善于为失败准备借口的人，即便再做辩解、掩饰，也还是不折不扣的懦夫。历史上的成功人士从来不是爱抱怨的人。

约翰·库缇斯是一位看似是弱者，而实则拥有强者心态的澳大利亚人。

"世界上最著名的残疾人演讲大师"就是这位用双掌走遍了世界上190多个国家和地区的约翰·库缇斯。他虽然天生没有下肢，但却是游泳健将，是全大洋洲的残疾人网球赛的冠军，会用两只手开汽车。

每次演讲，库缇斯都会提到自己的人生遭遇。他生来就很不幸，出生时不仅体形瘦小，只有矿泉水瓶大小，而且两腿畸形，当时把接生的医生都吓坏了，并且断言，他活不过当天。然而，实际上，库缇斯却活到了现在，并且还周游世界进行演讲……

库缇斯如果只会抱怨，或许都不能活到 35 岁；如果只会抱怨，他显然也成不了演讲大师；如果只会抱怨，他肯定也是无法成为网球冠军的。

对人生的不幸，库缇斯从来不抱怨，他唯一能做的，就是正视自己与别人的不同，接受它，然后想想怎么办。在每次演讲时，他总是带着乐观的心态看待一切。比如，一次演讲时，库缇斯曾开玩笑说："这次会议的主办方对我们款待殷勤，住宿条件也非常不错，只是有一样东西让我不知所措。"

正当台下的观众认真听时库缇斯接着说："这里的酒店服务生总会把它放在我的屋里。"说着提起一双一次性的拖鞋，并说道，"我实在不需要它。"

库缇斯说："不是每个人都能够穿拖鞋的。如果你能穿拖鞋的话，是你有资格，你是幸运的，我没有却也不抱怨。"

抱怨的人，喜欢用白日梦来弥补生活的缺憾，以幻想来取代现实，并逐步丧失自己的行动力和责任感。在他们看来，自己的人生不需要付出太多

努力，本就应当顺风顺水，就能享受美好生活。所以，一些努力没有回报时，一些想法未能如愿时，他们就开始怨天尤人。认为自己的不顺都是由外部的不可控因素造成的，并开始以抱怨来逃避现实，而不去设法改变现状。这种习惯性的自我保护，终将使他们没有行动力，失去了责任感。抱怨的人以情绪取代理智，以抱怨取代行动，结果使自己陷入更被动的境地。他们往往把问题归咎于外部的环境，并且喜欢负面思考，因此无法为改变现状提出建设性意见。抱怨会影响自己周边人际交往的环境和氛围，从而形成周期性、扩大性循环，加剧抱怨的影响力，于自己不利，也不利于他人和所在团队。

让自己有更好的心态。带着一份好心态走路，快乐便时刻伴随。不抱怨的心态总能让我们焕发出更大的力量，积极地思考、行动。因此，我们要想改变就不要抱怨，让抱怨远离自己。

放弃抱怨，设想解决方案，要学会处理负面情绪。人的情绪都是一时的，但如果不能理智地看待问题，就会长久地被情绪所左右。化抱怨为改变，这是人能够掌控自己的情绪，并能把控事情的成熟表现。

放弃抱怨并不是在困境面前不作为，而是给自己一个改变的机会，给自己一个直面现实的机会。面对值得抱怨的事物，如果暂时不能解决，我们也应该理智地分析产生的成因，以沉默代替抱怨，并能够积极地寻求解决的办法，待条件成熟时再去解决。

和成功人士相比，我们更要学会不抱怨，因为强者从来不抱怨。和库缇斯相比，我们没有资格抱怨，然而弱者却总是以抱怨来发泄自己的不满。正视它，接受它，改变它，这是我们面对事情的正确做法，这也是我们能够摆脱抱怨束缚的最好方法。一味地抱怨，一味地拿自己和他人比较，就会逐步把自己推到弱者的行列，同时也会错过很多改变的机会。

学会自我反省，切莫怨天尤人

常常做自我反省的，往往会有所作为，这从大诗人布朗宁的话语中可以得到印证："能够反躬自省的人，就一定不是庸俗的人。"倘若总是怨天尤人，就会使自己深陷失败之中而无法自拔。

成功者普遍具有自省的特质，正如古语所云："正己而不求于人，则无怨。"上不怨天，下不尤人。要想了解生命的意义、接近生命的本质，自省是一个非常好的方法。其实，自省会让人更知道感恩与包容。

就像一趟旅行，人的一生会遇到数不尽的坎坷泥泞，同时也会有看不完的春花秋月。如果黯淡了目光、失去了生机、干涸了心泉、丧失了斗志，那此人的心灵也必然是被灰暗的尘埃所覆盖，那人生又何来得美好？即使身处逆境、四面楚歌，却仍能保持一种健康向上的心态，那就终将会有"山重水复疑无路，柳暗花明又一村"的一天。

现实生活中，怨天尤人者总认为社会对他太不公平，自己怀才不遇。怨天尤人者常常会这样做：当工作出现失误时，本应该当事人去说明情况，他们却很少从自身查找原因，而是去推脱推诿或找出很多客观原因。他们还会觉得，如果是别人做还做不到我这样呢，况且失败是成功之母，所有的失败都是为成功做准备……

固然，一件事情和工作的成功与失败，无法完全归咎于人的因素，可是一旦出现事故则"怨天尤人"，并不"正己"那只会使事情更糟。错误发生了，看看自己错在哪里，应当如何避免，该如何解决，才是第一要务。不能武断地认定与自己毫无瓜葛。"正己"和"怨天尤人"有着态度和责任上的本质区别。"怨天尤人"通常是把原因推给他人，而且这原因不是他人的，就是客观的，至于说什么时候能改正、能不能改正则是不关自己的事；"正己"通常是从自身寻找原因，积极改正自己的不足。其实，缺点和不足都是客观存在的，回避不足，只会留下隐患。就像窗户上的玻璃，总会染上灰尘，只要我们有心保持明亮光洁，"时时勤拂拭"，就能够使自己进步。

著名的英国小说家狄更斯，他对自己有一个规定：如果自己的作品没有认真检查过，是绝不轻易地读给公众听的。因此，每天狄更斯会把写好的内容读一遍，并且会不断地发现错误，加以改正，直到 6 个月后才会读给公众听。

无独有偶，法国小说家巴尔扎克在创作时，也是反复修改。他通常在写完小说后，会花上很长一段时间，有时甚至是数年时间进行修改，直到最后定稿。这两位伟大的作家，之所以取得了非凡的成就，就在于他们不断地自我修正、不断地反省。

其实，在中国数千年的文化当中，也不乏有这样的自省典范。比如著名的学者曾子，他每天会做多次反省，比如老师传授的学业是不是复习了？为别人办事是不是尽心竭力了？与朋友来往是不是能够诚实相待？众所周知，曾子是孔子的学生，孔子也正是因为看中了他的品性，才会寄希望于他继承自己的事业。曾子也不辱使命，很好地继承和发扬了孔子的基业。比如他对自己的学生子襄讲什么是勇敢，就是引用了孔子的话：最大的勇敢就是自我反省。

第10章　恩怨平常心

——常怀感恩心，莫做怨念人

自省使人格不断趋于完善，让人走向成熟。因为我们在自省中，能够很好地认识自己，提高自己，改正错误。人往往看不到自己的短处，俗话说"忠言逆耳利于行"，无论是自我反省还是他人告知，我们首先应当承认自己的过失，才能够很好地进行改进。如果我们有一颗平常心反省自己的过失，就能接受别人善意的规劝，才能够不断地前进。

原一平在27岁时进入日本明治保险公司开始推销生涯，后来成为日本保险业界的泰斗。

开始的职业生涯很是惨淡，他穷得连饭都吃不起，而且因为没有住所只能露宿公园。有一次，原一平向一位老人推销保险，在他费尽心思地为老人说了许多之后，老人只是平淡地回应道："你的介绍是很详细，却并未打动我购买保险的意愿。如果你不具备一种强烈吸引对方魅力的东西，那你只能是像你我这样平淡地坐着。你的将来恐怕也没什么前途可言。所以，先好好地审视自己，不仅要准确地发现自己的缺点和错误，而且要能够积极地改正，努力地改造自己吧！"

原一平接受了老人的教诲，并且选择五六个投保户，准备开一个"批评原一平"的集会。因为考虑想让到会者畅所欲言，就没有让太多人参与。集会的目的是让别人能坦率地批评自己，同时无论听到什么不悦耳的批评都要欣然接受，并且要让参与者有种贵宾的待遇和感觉。

原一平十分认真地准备着集会的相关内容，并且身体力行地去拜访几个关系较好的投保户。在投保户面前，他十分诚恳地说："我没有上过大学，才疏学浅，也是因为这些所以不知如何反省，所以我决定召开原一平批评会，还请您能到时赏光参加，对我的缺点加以指正。"这些人觉得原一平很诚恳，而且这种集会很有意思，于是痛快地答应了。

就这样，原一平听到了大家真诚而又宝贵的意见，他随时反省自己，慢

慢地他发觉自己正在"蜕变"。通过对种种缺点的改进，他把身上一层又一层的劣性剥了下来，逐渐进步、成长。随之而来的当然也是他自身业绩的上升。

通过自我反省随时了解情绪与态度的变化，认识自己的思想变动，对于不足之处要懂得弥补，对于失误之处要懂得不断完善自我。反躬自省最早出自《礼记·乐记》："好恶无节于内，知诱于外，不能反躬，天理灭矣。"一个人如果懂得反省，回过头来检查自己的言行得失，就是一种追求进步的表现；一个人如果不懂自省，无法看到自己的问题，也就没有自救的愿望。沉浸在埋怨中，不如昂起头来纠正错误。

事实上，持有自我反省、自我修正的态度，可以使我们在做每件事的时候都有实现自己美好愿望的心情。一个善于自我反省的人，是一个能够发挥自己最大潜能的人，因为他们往往能够及时地发现自己的优点、缺点，并以此来扬长避短。一个不善于自我反省的人，其实并不能很好地发挥自己的能力，因为他们会在同一错误上屡有过失。

每个人都会做一些平凡的事情，如果一个人愿意把自己放在一个平凡的岗位上平凡地工作，不抱怨他人与环境，不断自我反省，就会不断自我进步，最终拥有属于自己的成功。与此相反，如果只知抱怨他人或环境，不知从自身找原因，不具备自省的智慧和力量，又何来得取得成功呢？自省是一种个人的命运和机缘，是我们每个人都应当努力达到的人生境界。

怨怒于己毫无裨益，只会伤身败事

不愿意接受的现实不会因为自己的怨或怒改变，怨怒只会是一种自我折磨。接受已经发生的，放眼未来，才会真正有所得。

生活中，我们总是会遇到这样或那样的不开心、不愉快的事情，怨怒的情绪是在自然不过会产生的事物。能够很好地调节自己的情绪，是我们走向成熟的过程。能够有份坦然的心态去面对世间万象是很不容易的事，然而社会生活让我们需要懂得、学会处理、缓解自己的怨怒之情。否则，就不能与周围的环境相和谐，就只能遭到生活的摒弃。

人往往因为怨怒而不能自己掌控情绪，甚至做出过激的事情来。情绪化很多时候会导致重大失败，到那时悔之晚矣。

刘芳在一家杂志社做编辑，她是一位十分认真负责的人，但是周围的同事并非都如她那么认真。于是，刘芳在与同事们共事时就会觉得困难重重，日子久了，对周围同事就产生了怨怒之情。总觉得自己干得很辛苦，她的这种怨气自然也会为同事们所察觉，因此而产生的摩擦不断，接二连三的争执随之发生。一日，刘芳碰到了以前带过自己早已退休的师傅，就向师傅抱怨自己现在的处境。师傅很是慈祥地安抚她道："你确实做事认真、踏实肯干，这些都是你的优点。但是，你的性子急躁，与同事相处要懂得相互理解，你现在的这些怨理有很大程度也是你自己不能很好控制自己情绪造成的。学会调解自己，让大家更多地认识你，也用你的优点去感染他人，这样就都好了。"

刘芳很好地反省了自己，按照师傅的指点，她心中的不快少了，与同事相处得也越来越融洽了。

理易清，情易乱，这就是历史告诉我们的道理。人生高尚的境界似乎距离我们普通人比较遥远，但是完全为情绪所控也必须引起我们的警惕。俗话说"好事不在忙中取"，其实情绪也是一样，我们决不能在情绪激动时做事。在人生的关键时刻，秉持着一种平静之心，能够很好地控制、压抑住自己的情绪，是非常重要的。试想当你在生气、恼怒时，很可能会作出一些不理智的决定或是行为的。气愤不仅会使自身深受损害，还会破坏周围环境，影响他人。学会克制气愤，只要自己想做，其实控制愤怒不是什么难事，应当学会在生气的时候冷静，只要摆正自己的态度，采取合适的方法即可。

东街村有一个男孩，他的坏脾气是出了名的，父亲为了改正孩子的这个不良习性，于是给了他一袋钉子。父亲语重心长地对他讲："每当你发脾气的时候，就往咱家后院的围篱上钉一根钉子。"男孩照此去做，结果第一天他一共钉了30多个钉子，第二天40个，第三天……1个月过去了，后院的围篱上满是钉子。看着这样的情境，男孩开始反省自己的行为，决定每天在要动怒、能忍住时拔出一个钉子，就这样又过去了10天，钉子慢慢减少，男孩的心境也平和了许多。他的转变父亲都看在眼里，记在心上，当围篱上的钉子全部消失后，父亲握着他的手面对没有钉子的围篱说："我的好孩子，你做得很好。只是你仔细看这围篱。钉子是不存在了，但是一个个深深的洞却还留在那里。这就像是人的心，你生气的时候说的话给别人造成的伤害会清楚地留在那里。他人心中的伤害，像疤痕一样留在那里，无论你现在如何悔恨，如何道歉，但是伤口都会永存。所以，接受自己犯下的错误，很好地改正、纠正自己，努力使周围人重新接受你吧。"

在人的一生中，有一种没有涵养的表现就是话不投机动辄发火，或者是与人相处时，不分是非曲直。自己是否能够忍耐？是否火气太大？这都是要经常反思的，否则何以成就大事业？火气太大的人，应当加强修养，注意"制怒"，应该像有自知之明、心平气和。不要总是放纵心头无名之火，应当学会以理服人，否则既伤害他人又伤害自己。

在一个炎热的夏天，酷暑难当，一个年轻的农夫，正划着小船去给邻村的某户送自家的农产品。农夫汗流浃背，顶着烈日心急火燎地划着小船，苦不堪言，一心想着尽早地完成运送任务，以便在天黑之前回村。正当他一心一意地划船前行时，突然，前面有一只小船，正顺河而下，与自己正迎面驶来，眼看两只船就要撞上了，而来船似乎有意要撞翻农夫的小船，而农夫自己也毫无避让之心，并高声大叫道："你这个白痴！让开，快点让开！再不让开就撞上我了！"可是无论农夫怎么吼叫完全没用，当他想让开水道时，为时已晚，他自己的船结结实实地撞上了那只船。农夫火冒三丈，厉声斥责道："这么宽的河面，你会不会驾船啊！竟然撞到了我的船上！"在吼叫之余，他定睛审视了那只小船，吃惊地发现小船上空无一人，那是一只挣脱了绳索、顺河漂流的空船。

看完这则故事，我们可以反观一下自己，其实很多情况下，你责难、怒吼的对象或许就是一只空船，而那些一再惹怒你的人，也不会轻易因为你的斥责而改变他的航向。当然，这并不是说一定要和他人达成一致意见，也并不意味着要一味地去讨好人。只是不要让他人制造的麻烦而变成了自己的烦恼。对方不会为你而失眠的，而你只是徒增愤怒而已。这样你或许会使自己成了唯一受到伤害的人，因为他人的过错而导致自己陷入无尽的烦闷悲伤。

没有人能十全十美，因此，抛开怨怒，不要太过在意生活中的矛盾，其实没有人能够完全回避矛盾。因此，只要自己调整好心态，并作必要的思考，对事态进行衡量然后再去适应、去调整，理性会让你渐渐地心平气和。

对人常怀感恩之心

有了感恩之心，就会变得更加谦和、更加懂得宽容。

感恩是自发性的行为。在生活中，一个懂得感恩的人知道如何将感恩化作充满爱意的行动，并付诸实践。而在这种感恩的实践中，会使他人感到快乐，也会使自己的想法更加积极向上。感恩其实很简单，比如朋友悲伤时，你能真心诚意地抽出时间好好安慰；比如别人需要帮助时，你能毫无所求地伸出援助之手；比如别人向你伸出橄榄枝时，你能发自内心地回应一个微笑表达感谢……

感恩是促进成功的法宝之一。因为对生活心存感激，就能虔诚、认真地面对生活中的挑战；因为对生活心存感恩，所以心中会怀有一份欣喜，有为梦想执著追求的信念。如此一来，你就会有健康的心态，你就会有一个积极的人生观，你就会感受到生活给你的赠与。我们应当为父母给予了我们生命、抚养我们健康成长而心存感恩；我们应当为师长给了我们教诲，给予我们知识的力量而心存感恩；我们应当为同学给予我们在郁闷时的快乐而心存感恩。

一年，因为自然灾害，某个城市开始闹饥荒。一个家道殷实的面包师，心地善良地把城里最穷的几十个孩子聚集到一块，并且拿出刚刚烘烤好的一整篮面包。他对孩子们说：“你们每天都可以来拿一个面包，在这个篮子里会盛有供你们一人一个的面包。”

瞬间，饥饿的孩子们围着篮子推来挤去大声叫嚷着，一窝蜂一样拥来，因为每个人都想拿到最大的面包。结果，当他们每个人都拿着一个面包离开时，竟然没有一个人向这位好心的面包师说声谢谢。

当众人都离开时，在角落里站着一位小女孩儿。开始时，她没有与大家争抢、吵闹，而是一直谦让地站在一步以外。最后，她等别的孩子都拿到以后，才慢步走到篮子旁边，拿起一个面包。拿起面包后她并没有急于离去，而是亲吻了面包师的手，表示感谢然后向家走去。

第二天，面包师按照许诺把盛面包的篮子放在原位，让孩子们去取面包，其他孩子依旧如昨日一样疯抢着，而小女孩儿最终是得到了一个最小的面包。女孩儿拿着小面包回到家中，当母亲切开面包时，许多崭新、发亮的银币掉了出来。

母亲觉得很惊奇：“一定是揉面的时候不小心揉进去的，快去把这些银币送回去吧。”小女孩很听话，拿着银币到了面包房，并把妈妈的话转述给了面包师。然而，面包师慈爱地说：“不，这没有错，我的孩子。我是有意把银币放进小面包里的，因为我为你的行为所感动，这是我要奖励你的。希望你能一直保持现在这样一颗感恩、平静的心。回家去吧，并把这钱给你的妈妈。”小女孩儿很激动地跑回了家，并把面包师的话告诉给了妈妈，妈妈也为孩子得到感恩之心的回报而感到高兴。

在心理学上，感恩的心是一种自身调节的方法和手段，它会使我们变

得谦恭、谦卑。对平辈的人，对同事、下级、长辈、单位、集体、所处的环境，我们都应当有种谦卑的心态，感谢周围的一切对我们的支持。

当你拥有一颗谦卑的心时，就能感知到很多从他人的语言、行为，以及周围环境等而来的有益信息。曾有一位德高望重的老者讲过这么一番话："我来到这个世界就是服侍所有人的。"此话彰显出了他的谦卑、恭敬，也因此而赢得了他人的尊重。

爱就是给予，心灵富足的人必然会去爱人，而如果你对他人感恩，就必定会使自己心灵富足。爱就是宽广，爱就是一切，爱就是富足。荀子有云："积善成德，而神明自得，圣心备焉。"如果你与别人发生矛盾，因为心存感恩，你会想起往日他对你的关心帮助，从而化解掉彼此间的矛盾；如果你在得到帮助时心存感恩，这种感恩也会使你在别人遇到困难时伸出援助之手。

世上没有十全十美的事物，因此在生活中，我们需要心存感恩来化解掉我们的抱怨。这样才能使自己改变，使自己知道应当做哪些努力。倘若心中狭隘就只会看到世界的阴暗面，生活在灰暗之中。因此，我们要用感恩之心来为我们照亮阴暗，来帮助我们度过最大的痛苦和灾难。

珍惜所拥有的一切

> 对于现在拥有的一切,我们应该懂得珍惜。如果每个人都
> 学会珍惜,就会拥有更多的幸福和快乐。

生活中,为了生存,为了人生的理想和追求,我们无法时时守在亲人、朋友身边,亲朋好友的时常牵挂,是一种很值得珍惜的幸福。每逢佳节倍思亲,无论我们走到天南海北,总会收到来自亲朋好友的真诚祝福,那时真就有种难以言表的感动与幸福。虽然,在实际生活中,亲朋好友之间也难免会有磕碰,此时,就应当多想想关系的珍贵,这种关系是用再多的金钱也买不来的。

从任何一个角度都可以发现值得珍惜的东西,只要你有一份知恩的心,就会发现生活中值得珍惜的东西确实很多。生命的存在本身就是一种幸福:能够顺利地工作,能够很好地念书,能够拥有一个健康的家庭……这都是一种幸福,即便是在逆境中的前行,其实也是一种幸福,因为我们会收获很多。在困境中,我们学会如何面对困难,我们学会了坚强,我们收获了人生的巨大财富——懂得珍惜拥有。

虽然生活充斥着诸多不顺心、不如意的事,但是,让自己随时快乐起来,让自己少些烦恼,还是可以做到的,只要我们能够用一种积极的心态去面对。要想到这些是既定的事实,并非一己之力能够改变,不如坦然去面

对。在目前难以改变的情况下，自己虽不得不去面对，那就以乐观的心态去应对这一切吧，这样自己也能够开心许多。俗话说：开心过是一天，不开心过还是一天，而这选择权完全在于自己的心态。

学会让自己在平凡的生活中找到快乐的感觉，正所谓知足者常乐。在快乐的心境下，人们不会故步自封、不求上进，而是会以一种良好的心态去积极地生活，去正确地对待可能遇到的状况。这样我们的人生才能够大放异彩。

世界著名绘本《爱心树》中有这么一个故事，值得我们琢磨。

他喜欢这棵树，他喜欢在树荫下打盹，他喜欢爬上树梢看日出日落，他喜欢坐在树杈上吃苹果……他爱这树而这树也喜欢和他玩。

随着时间的推移，小男孩一天天长大，他已经不再围着树玩。突然有一天，小男孩神情忧愁地来到树前，大树还是一如既往地邀请小男孩儿道："来吧，来和我玩。"小男孩淡淡地说道："我已经长大了，我不再围着树玩儿，而是需要钱来买玩具。"大树说："我虽然无法给你钱，但是你可以把我的苹果摘走，或许它们能给你换些钱回来。"小男孩儿听了十分欣喜，于是摘取了树上所有的苹果，高高兴兴地走了。

自从采摘了苹果，小男孩儿很久都没有再来到过这棵大树下，大树有些愁闷。忽然，有一天，小男孩回来了，大树很是高兴。然而，小男孩却愁眉苦脸的。大树说："是来和我玩儿的吧？"小男孩说："我得为我一家的生计工作，我的时间都要耗费在工作和生活上，我现在需要为家人找一所房子栖身，你能帮我吗？"大树若有所思地答道："对不起，我没有房子。但是，我有树枝，或许你可以砍些树枝拿去盖房子用。"小男孩割下树上所有的枝杈，欢欢喜喜地走了。

大树看着男孩儿高兴的背影，自己也很欣慰，只是那男孩又很久没有来。留着大树孤独、忧伤。在一个炎热的夏日,那个小男孩又来了,大树很开心说道:"来和我玩儿的吧?"小男孩儿说:"我一天天变老,却很忧郁,我想出海使自己放松放松。你能给我一艘船吗?"大树说:"不要愁眉不展,你可以用我的树干去造船。"于是,小男孩砍掉了树干造了一艘船,开始了自己的远航,又是很长一段时间不见踪影。

多年后的一天,小男孩回到了大树旁,大树对小男孩说:"你离开了这些年,我也很老了,没有任何更多的东西给你了……唯一留下来的就是我正要枯死的树根。"小男孩深情地望着大树说:"干了那么多年,我很疲倦,只想有个地方歇歇,什么也不想要了。"大树很开心道:"来吧,我老树的根刚好是你最佳的休息地方,在我这儿坐坐吧。"

故事中的大树我们似曾相识,其实就是我们的父母,他们无私地为我们奉献着自己的一切,也始终是我们每个人的避风港。

当我们还小的时候,我们常和父母一起玩耍,当我们长大后,就会离开他们;当我们在外闯荡时,遇到挫折、困惑、麻烦时,又会回到他们的身边。只要是他们力所能及,父母总会在那里,为了子女开心而奉献着自己的一切,为他们做着一切的努力。

人生匆匆,要学会珍惜、懂得珍惜,这样才能尽可能地少留遗憾。让自己的生活多几分舒适,多几分惬意,少几分满怀牵挂的苦楚,少几分带瑕疵的不如意,最好的方式就是学会珍惜现在拥有的。人,总是这样,当你感觉到某种东西渐渐远离你的时候,才会想着去弥补、去挽留,然而此时不管你做多大努力,都将是太迟了。人生的路只有一条,很多事情无法回头,因此与其无数次告诫自己要珍惜,不如珍惜所有的一切。

不要执著心中的怨恨，它只会让你身沉苦海

> 如果你还没有学会遗忘和原谅，那就从现在开始要求自己吧。不要为自己寻求什么理由，哪怕是强迫自己，也应当向这个方向努力。

就一般情况来说，愤怒可以分为4类，这主要是按照愤怒程度来讲：不满、生气、激愤、暴怒。"怒则气上，喜则气缓，悲则气消，恐则气下，惊则气乱，思则气结"，这是《内经》当中关于情志伤人的一段论述，同时《内经》有云："怒伤肝。"这些都告诉我们，人体情志的失调会导致自身气机的逆乱，导致正气虚弱、抗病力差，因此容易诱使外邪入侵。

有些人易怒，内心总是怨天尤人，甚至执著于报复。其实，这些不仅耗尽你宝贵的精力，还会使你变得脆弱。我们每个人都不可避免地会犯这样或者那样的错误，而只有错误才需要宽容。人来到这个世间就是来做事、尝试、探索的，人生也是一个在不断地犯错中成长、成熟和前进的过程。

南非的民族斗士曼德拉，在白人统治时，被关在荒凉的大西洋小岛罗本岛上长达27年，因为他领导黑人反对种族隔离制度。

曼德拉在入狱时年事已高，然而却并未得到白人统治者对他的额外关照，而是与一般年轻犯人一样接受着残酷的虐待。

第10章 恩怨平常心
——常怀感恩心，莫做怨念人

罗本岛布满岩石，到处都是海豹和蛇及其他动物，这是一个距离开普敦西北方向7英里的港湾。曼德拉在服刑期间是被关在总集中营一个"铁皮房"中。主要是做些石料工作：白天将从采石场采的大石块碎成石料，或者是从冰冷的海水里捞取海带，或者是做采石灰的工作。每天早晨，曼德拉排队进入采石场，然后被解开脚镣，他们需要下到一个很大的石灰石田地中去，然后用工具挖掘石灰。曼德拉是重犯，有3个看守来监视他，他们很不友善，总是寻找各种理由虐待他。

1991年曼德拉出狱，并且当选为总统，在他的总统就职典礼上，他特意邀请了当初他被关在罗本岛监狱时的3名看守他的前狱方人员，并向来自世界各国的政要介绍他们。这一震惊世界的举动足见得曼德拉胸襟的博大和宽容，这让所有到场的人肃然起敬，让使得那些残酷虐待了他27年的白人无地自容。

年迈的曼德拉缓缓起身，并很恭敬地向当年看守他的3位看守者致敬，那一时刻时间似乎都凝固了，在场的所有的来宾乃至全世界都安静了下来。后来，曼德拉对朋友们讲出了当时行为的原因：年轻时自己性子很急、脾气暴躁，而在艰苦的监狱生活却让他学会了如何控制情绪，使他学会了如何处理自己的遭遇和痛苦，因为那种牢狱环境唯有如此才能活下来。必须以极大的毅力来训练，才能懂得和学会如何感恩与宽容。

曼德拉说："当我走出囚室，迈过通往自由的监狱大门时，我已经清楚，自己若不能把悲痛与怨恨留在身后，那么我其实仍在狱中。"

在生活中，谁都不可以孤立地生活在这个世界，因为社会由人组成的。当我们与他人发生不愉快的时候，首先要检查一下自己，即使是我们感受到自己遭遇到不公平待遇时，也不要对对方产生敌意，更不要因此而在心里对他人怀有怨愤之心。因为，这消极情绪对你的健康和性情都会产生很

大的负面效应，而不会对现况改变什么，最终的受害者不过是你自己而已。如果总是怀着怨恨，想着自己受到了不公正的待遇，那只会招致更多的不愉快。

"河豚"习惯于在桥墩间游来游去，然而在这种环境中，一个不小心就会迎头撞在桥墩上。每当这时，它都会怒气勃发，并迟迟不愿离开。因此，它怨恨水流的湍急，它怨恨桥墩的坚实，它怨恨自己为什么没有一个好体魄。于是，它竖起鳍刺，张开两肋，鼓着气汹汹的肚皮，撞向桥墩。可想而知，桥墩不会有任何反应，只是使自己浮到水面上来了，而且很久都一动不能动。正巧，一个渔夫看到河豚，一把抓住，很好地享用了一顿晚餐。要是河豚能够忍一时之气，离开桥墩，又何来得这丧命的结局呢？

其实，我们所受到的不公，在很大程度上都来自于我们过高的心理需求或者心理欲望。如果你能改变自己的态度，如果我们把自己心理上的这份欲求降低，或许就不会有那么多的烦恼了。

如果你不愿原谅和学会遗忘，你就是一个受害者，而非一个掌控者。每当你对他人的怨愤升级时，带给自己的伤害也就升级。如此看来，如果你摒弃怨愤、不公、抱怨，其实最大的受益者是自己。其实，在我们一生当中，遭遇一些不公、怨愤等是极其微不足道的，是根本不值一提的。当你抛开了对他人的怨愤之心，学会了宽恕和包容，就能享受快乐和幸福。

学会宽恕、抛弃怨愤之心，就会使自己远离陷入痛苦深渊、难以自拔的危险。同时，也会因为卸下内心沉重的负担，而感受到一种自由和轻松。我们在生活中会遇到很多人，每一个人都能教会我们一些东西；在生活中我们会遇到很多事，每一件事会使我们学习到很多经验。这就是生活的积累，我们应当让这些生活的积累改变自己的处世态度，不要总是让怨怒占据自己的内心，更不要让它在你的体内生长。这将影响到你的生活质量，不如让宽恕的阳光照亮你的心灵，照亮你的未来。

不懂宽恕的人无疑是在自毁前程，当你学会了宽恕，就会逐渐地发现，它是控制自我情绪的有力工具，它是使我们的生活更加幸福、快乐的源泉。

与其抱怨，不如解决

明智的人总是会把抱怨转化成感恩，因为他们知道抱怨并不能改变已经发生的事，而感恩却能使自己接受现实，避免陷入痛苦的境地。

对于热爱生活的人，生活给予他们挫折的同时，也给了他们坚强的勇气。酸甜苦辣不是生活的追求，却也需要一颗知足的心来感受生活赐予我们的美好。知足的人并非没有欲望，只是他们懂得用知足的心去感受生活，于是就少受埋怨、忌妒、愤愤不平等消极情绪的影响，能够合理地克制自己的欲望。

史蒂夫·霍金这个名字我们并不陌生，在他 21 岁的时候，不幸患上了肌肉萎缩，因此而被禁锢在轮椅上长达数十年之久。然而，他却很坚强地说："气恼自己的残障，是在浪费时间。人生必须不断地往前走，而我到目前为止表现得还不错。如果你一直在生气和抱怨，别人也不会有空理你。"霍金是这么说的，也是这么做的，他迈入了创造宇宙的"几何之舞"，以他的实际行动和无畏的精神被人们誉为"不折不扣的强者"！

与霍金相比,我们这些整日都可以自由行走、自由呼吸、自由舞动的人就是整日在享受着一种幸福。用积极的心态赢得好运气,用积极的、正面的能量使我们摒弃抱怨,快乐地生活,时时感恩,享受生活的每一天。

以一种智慧看待生活,以一种积极的态度看待人生,你就会觉得那些欺骗你的人,使你增长了见识;你就会觉得那些伤害你的人,使你磨炼了心志;那些怒斥过你的人,使你更加进步;那些遗弃你的人,使你尽早地自立;那些绊倒你的人,使你强化了你的能力……这样看来,我们生活的世界就是一个值得无限感恩的世界。人人都怀有一颗感恩的心,我们的社会会更加丰富多彩,同时自己的人生也会过得坚实而有信心!

杧果受到日照越多,味道越甜,因此长在树顶的杧果往往最甜。山姆很喜欢吃杧果,所以他爬到了树的最顶端。当他如愿以偿地摘了几只红艳艳的杧果准备下来时,由于树顶的树枝较细,树枝被弄断了,好在掉下来时山姆抓住了另一根树枝。然而,他吊在这根树枝上,无法动弹,于是高声呼喊以求帮助。附近的村民赶来,然而梯子、竹竿等工具对于山姆的困境都无济于事。

后来,村民们找来了曾经帮助他们解决过许多疑难问题的智者。这位智者沉思片刻,从地上捡起一块石头便向山姆扔去,大家不解也很惊讶,山姆更是气愤,于是大叫道:"你疯了?干什么?想让我摔下去吗?"

智者毫不理会,接着捡起石头向山姆扔去,山姆自是气不过,于是狂怒道:"等我下去,一定给你点颜色瞧瞧。"在场的村民们也很不解,更有人心想要是此人下来和智者动手,自己绝不相劝。智者还在不断地拿着石头向山姆扔去,而且一次比一次狠。山姆忍无可忍,心想不下去收拾他都枉做人了。

于是,他调动每一根神经,发动每一块肌肉的力量,终于够到了粗大安全的树枝，并且顺着树干成功地爬了下来。山姆下来后第一件事就是去找智者算账，可是智者已经不见踪影了。突然，人群中有人若有所得地说道："他是唯一给了你真正帮助的人，因为他你才会激发出自己的潜能，最终顺利下来了呀！"

山姆想了想，说："是啊！我该好好感谢他，因为他的刺激，我才会不遗余力地摆脱了困境，他真不愧为一个智者！"

在任何时刻都要努力保持积极良好的心态，这样我们才能在遇到事情时反省自己，找出问题的症结以求解决。在漫长的生命中，我们不能将眼光只着眼于眼前的困境，很多时候我们走过之后才会觉得之前的不过是小问题而已。

感恩是一个人与生俱来的本性，一个连感恩都不知晓的人，很难成为成功的人。因为他拥有一颗冷酷绝情的心，怎么能为社会作出贡献呢？每一位不忘他人恩情的人，都会将他人的点滴付出永铭于心。而且感恩，还能为我们擦亮蒙尘的心灵，使之不致麻木。

挫折是一笔财富，上天给我们的挫折就是对我们的历练，与其埋怨不如感恩。这样生活就会少有阴雨笼罩多些晴空丽日，就会多些欢乐而少有痛苦，就会多些幸福而少有悲哀。挫折就是生活中的调味品，它会给你的平淡生活多些波折，使你品尝到欣赏雨后彩虹的快乐，感受到更加温暖的阳光，感受到泪水后的微笑更加迷人。

抱怨痛苦只能是增加痛苦的分量。人们会因为生活平淡而痛苦，会因为孤单而痛苦，会因为贫穷而痛苦，会因为事业无成而痛苦，会因为身患疾病而痛苦……既然我们无法躲避，也无法避免，那就感恩痛苦吧。因为我们从痛苦中也会学到很多生活的道理，得到生活的历练，这也是我们人生不可缺少的课程。

以一种宽宏的心态积极勇敢地面对人生。怀着感恩的心,善待自己,愉悦自己。用感恩的心,温暖他人,温暖整个社会吧。

转过愤怒的拐角,就是宽容和快乐的大道

愤怒会令自己痛苦,不仅会令自己受到伤害还会伤到他人。愤怒会令我们以自我为中心。

立竿见影地不生气、改掉一个习惯是很难的。愤火可以在瞬间被点燃,却需要用长时间才能被浇灭、习惯并非易事。我们用相当长的时间,花费相当的耐心,要不断地督促自己,才能做到控制好情绪。

如果我们能清楚地看到自己愤怒时的情绪反应,就会发现自己的无知,就会发现愤怒是一种对生命的反动,它往往使我们封闭和孤立;就会发现愤怒使我们封闭了视野,切断了我们与他人的基本的联结感。

我们虽然知道愤怒的反应会流失能量令自己痛苦;我们虽然知道愤怒会伤害到他人和自己。可是,我们还是会不屈不挠地执著于这股受限的情绪,顽固地沉溺在愤怒的想法和行为里。这岂不是一种愚蠢的作为吗?

林肯从小家境困难,在他 12 岁时就因为家中的贫困而不得不放弃学业,去做了一个伐木工人。林肯会在自己伐倒的木材上写上一个自己名字开头的"A"字。突然,有一天他发现在自己砍伐的木头被人写上了"H",这不是赤裸裸的盗用他的劳动成果吗?林肯很是气愤,回家后就对继母说了

自己发现的状况，并气呼呼道："一定是那个叫亨得尔的家伙干的，吃完饭我就去找他理论。"继母看着林肯说："你先别急，孩子，听我给你讲个故事。"

"莱尔住在大森林之中，每天以打猎为生，因此他经常穿梭在密林中安装捕兽套子。由于他熟悉林子，懂得在哪儿安装捕兽套子会有收获，于是每天都所获颇丰。有一天他又去收套子，结果发现动物已经被别人取走了，只有动物脱落的毛散落在套子上。莱尔很生气，就将自己生气的面孔画在纸上，留在套子上。

第二天莱尔又习惯性地去收套子，结果发现套子上有一片大树叶，在树叶上画着一栋房子，房子旁边还有一只狂吠的狗。莱尔很是不解，心想：这个人拿走了我的动物，还画个画让我看。莱尔觉得有必要和这个人当面说说，于是就画了一个图：一个正午的太阳，两个人在捕兽套边站着。

在第三天中午，莱尔来到了捕兽套旁，这里站着一位浑身插满了野鸡毛的印地安人，似乎是在等他。因为语言不通，他们只能通过打手势来对话。印地安人对莱尔用手势表示，这是他们的地盘，你不可以在这里装套子。莱尔用手势回应表示：套子是我装的，你们不应该拿走我的果实。比画了一阵子之后，两人都觉得模样古怪，于是相视一乐。莱尔觉得多个敌人，不如多一个朋友，随即将捕兽套送给了那个印地安人。

说来也巧，一次莱尔在打猎时，遇到了狼群追赶最终被迫跳下了悬崖。本想着就会如此一命呜呼了，没想到醒来时，他却安然地躺在印地安人的帐篷里。自己坠崖时的伤口也已经被印第安人处理过，上了药。就这样他们成了好朋友，他们一起打猎、相互帮助，共同生活在这片森林中。"

继母讲完了故事，笑着对林肯说："莱尔做得不错吧？他是一个懂得宽容、谅解他人的人，也正是如此，他的路越走越宽广。否则，在生活中你到处

树敌，就会举步维艰，难成大事。"林肯若有所得地点了点头道："的确。莱尔做得很对，我也会向他那样，向他学习。"

就这样林肯拥有了宽容的美德，这为他日后的人生道路奠定了很好的基础，最终他竞选成为美国第 16 任总统。

愤怒就像渴望、忌妒和悲伤一样，是一种人的正常情绪，那么自然也就需要我们要用一段时间来平息。在很多时候，我们会因为别人的误解而怒火难息。想想看，当我们将风扇关掉，也是需要一段时间才会完全停止转动的。所以，我们应当有些耐心，给对方些时间，也给自己些时间。其实，宽容就是帮助他把自己解救出来，同时也使你自己平息下来，不那么激动。以下给大家提供了一些控制情绪，特别是缓解愤怒的有效方法：

第一，当自己成为了别人愤怒的目标或是牺牲品时，请问问自己：是否值得为此事感到受伤、难过？是否一定要接受这个人对自己所做的安排？自己虽然成为了别人的目标，首先要冷静地分析一下状况，如果自己没有可能赢得对抗后的胜利，那么请不要选择"上钩"，请主动避让开来。

另外，我们的不自信和不安全感有时也可能通过愤怒来表现出来。但是，我们应当有效地表达愤怒，这会有益于提高我们自身的自尊心。比如，当我们在生存受到威胁时，就应当勇敢地战斗。但无论什么原因，出于什么考虑，都要对自己的愤怒负责，你需要的是解决问题，而不是空洞的胜利。

第二，在怒火欲发的时候，请考虑：我之所以会愤怒，其中的原因真的如我所想吗？我之所以会愤怒，是真的值得这样做吗？我之所以会愤怒，是在替自己找替罪羊吗？

第三，你愤怒的原因是什么？是为了自己的形象而斗争？是为了自己的生存受到威胁而战？是为了掩饰自己受伤的高傲？是为了面子，还是为了失落？想想愤怒的原因，或许就会觉得没必要愤怒了。

第四，愤怒的时候请记录下来自己当时的心境，越详细越好。将这篇文字静静地放上一天，待第二天阅读时，再去判断这样的发火是否值得。

第五，压抑自己不会让你得到你想要的，无须否认愤怒，无须假装自己没有愤怒，无须用否认愤怒来麻醉自己。正视自己的情绪后，才能够更好地掌控情绪。

第六，是否清楚自己是在为对方这个人还是为当前的境况而愤怒？是否清楚自己的愤怒有多少是来自于对基本需要和欲望的满足？是否感到没人关心你，没人爱你？是否感到莫名的孤独，感到世界充满了陌生人？是否需要生活中有更多的快乐和关爱？是否需要找出获得爱和快乐的方法？

第七，对于自己的愤怒有个清晰的认识，分清自己的愤怒共有多少种类。这样会使你判断自己在不同境遇下，应当如何表达自己的愤怒。

第八，抓住让你愤怒的事，不要针对人。不要因为事而牵扯到人，更不要对人耿耿于怀。

第九，不要害怕愤怒。每个人都难免发火，不要过分在意自己的愤怒，想想上次你暴怒后世界并未毁灭。只是，如果我们固执地坚持用有心伤害的方式时，就有可能会使愤怒演变成为悲剧了。

第十，我想通过愤怒来达到什么目的？我是否被愤怒蒙住了眼睛，想想看在你愤怒的背后是什么？如果你希望和别人交朋友，请少用愤怒来破坏彼此的关系。当我们碰到了使彼此愤怒的事，最好是心平气和地静心解决。

第十一，暴力只会带来更多的愤怒、伤害和复仇。而愤怒往往是暴力的帮凶，请不要用口头或是躯体的进攻使愤怒之火越烧越旺，这只会带来更多的伤害。

第十二，点缀那些让你烦闷的情境。学会缓解愤怒的方法、技巧，在堵车时，听听广播；比如在排队时，和他人聊聊天等等。

第十三，在愤怒之后，无论自己的错对都要拿出勇气向对方道歉。因为，不管事先所为何事，冲人发火总是不对的。

愤怒是一次学习的机会。试着去了解是什么真正让你愤怒，从而在以后的日子里有效地避免无谓的愤怒。另外，前文已讲，愤怒是人的一种正常情绪，不能过分地压抑自己的情绪，但也要给情绪找到出口。或许可以试试在没人的地方大喊大叫、慢跑、打球，等等。这样才能够健康生活，健康成长。

时刻清醒地认识自己

要认清自身具备的条件，知道自己的优点、缺点；要给自己一个清晰的定位，知道自己应当做什么职业、职位；更要对自己的现况时刻保持清醒。

现实生活中，在唉声叹气和怨气尤人的牢骚之中度过此生的人大有人在，总是看这也不顺眼，听什么都不对劲。这样的人牢骚满腹，愤愤不平，抱怨命运，痛恨别人，对周围的一切横挑鼻子竖挑眼，对什么错误都先将视线投向别人；这样的人总是怨天尤人、大骂世事不公、抱怨自己没有一个好父母，埋怨孩子没能耐。其实，这就是最好的没有认清楚自己的表现，也正因此他们总是抱怨生活。

山野边，有一口井，里边住着一只青蛙，一日青蛙和大龟商量："你能带我去看看海吗?"大龟很乐意道:"当然可以,上来吧。"就这样,大龟欣然地带着青蛙去看海,当青蛙见到一望无际的大海时,在惊叹不已之后,急不可待地扑进大海之中。可想而知,它摔得晕头转向,并被一个巨浪打回海滩。大龟见状,很无奈地摇摇头,让青蛙趴在自己的背上,说:"还是我背着你游吧。"没多久,青蛙逐渐适应了海水,于是便能自己游一会儿了。后来,青蛙有些渴了,也有些饿了,它张口喝了一口海水,那又苦又咸的滋味让它很是难受,它又东张西望地找吃的,却怎么也找不到一只可以吃的虫子。青蛙对大龟感慨道:"以我的身体条件,似乎并不适合居住在这美丽的大海,虽然它很美好。水井虽然空间有限,却能满足我的所有生活需求,那才是我的乐土,我的家。"

青蛙的故事告诉我们,给自己以准确定位,把自己该做的事情做好;正视自己,其他环境再好,不适合自己或是超越了自己能力所及,那都是不可选择的。青蛙虽然居住在井底,但是井底之蛙有井底之蛙的生存空间,田间之蛙有田间蛙的生存条件,河边之蛙有河边蛙的生存环境,正所谓各有各的生存之道。忽视自己的生存价值而盲目追求,是可怕的。然而,下边这则寓言中的草,就没有青蛙那样的自知之明,正相反,它并未清楚地认识自己。

村头田间,一个农夫正在为庄稼锄草,正要被锄掉的草气急败坏地质问农夫:"你了解我的价值吗?瞧瞧你都干了些什么!我保护着堤坝不被雨水冲刷,我给人类带来了清新的空气,我让世界充满了生机,我给大地带来了生命的绿意……人们会因为有我的踪迹而欢呼雀跃,特别是在千里沙漠和茫茫戈壁之上。但是,瞧瞧你现在的行为,你竟然愚蠢地要除去我!"农夫顶着烈日挥汗如雨,他听不懂草的语言,他一边疲惫地挥舞着锄头,一边嘟嘟囔囔地抱怨着:"这破草,什么地方不好长,干吗长在我的麦田里,还

这么多！"

正像草自己所说的，如果它长在堤坝、长在戈壁、长在高山上保护水土流失，或许被人称赞；但如果是没有找到自己的位置，没有找准自己的去处，就会惹来麻烦。试想想草要是长在城市的花园中，装扮、净化城市环境，不仅不会被锄掉，更会受到人们的关照。可它却偏偏长在了农夫的麦田里，长在了不该长的地方，那必然是被锄掉。

印度哲学大师奥修说："玫瑰就是玫瑰，莲花就是莲花，只要去看，不要比较。"因此，聪明的人不要像草那样抱不平，那样只能是自己与自己过不去，有些事情其他人是不会看重的。如果你是井底之蛙，那么回到井底就会过上舒舒服服的日子；如果你是一棵草，那么不去他人麦田里生长就是明智之举。

每个人都有自己的"传家之宝"，像是性格、爱好、风格、专长，等等。我们不会像一般的商品那样，是"批量生产中的一个"，否则即便做工再精细，充其量也只能将价格提高十元八元的。但我们如果能知道自己的特质，并予以充分发挥，我们就会与众不同，这些特质就是真正的"传家之宝"了。因此找出自己的优点，并能够充分发挥出来，这才是每个人应当也应该做的事。

第 *11* 章

顺逆平常心

——顺时不忘形，逆时不言弃

善于在顺境中保持谦卑好学的精神，不故步自封；善于将逆境当做宝贵的磨炼机会，而非一蹶不振。这才是真正的强者。时时校准自己前进的方向，时时抱着不屈不挠的精神，时时警醒自己，因为，无论顺逆，我们都该抱有平常心。

能够在逆境中成长的人，永远都是生活的强者

人在逆境中学会生存，也会因此而迸发出超强的生命力。磨难有时也是一种财富，正所谓"塞翁失马，焉知非福"。不堪的逆境如果能积极面对，就会觉得逆境对于我们来说也是一种宝贵的机会。这是一种宝贵的人生磨炼机会，当你经得起逆境考验的时候，也就从此成长为一名真正的强者了。

俗话说："人生不如意之事十有八九。"所以，学会在逆境中成长是很重要的。爱默生曾说过："困难，是动摇者和懦夫掉队回头的便桥，但也是勇敢者前进的脚踏石。"在这个充满了各种艰难险阻，无法保证一帆风顺的社会里，要想做永远的生活强者，就要能够在逆境中看到机会和前进的动力。英国哲学家埃德蒙·伯克也说："逆境是一位严厉的老师，他通常能够使我们更加了解自己，这位导师虽然严厉，却也十分地爱我们。逆境往往与我们对抗，他与我们角力性的应对，使我们更富活力，使我们增加勇气。在这种矛盾的抵触中，我们的对手也是我们的助手，这也使我们对目标有了更深的了解，使我们不再肤浅地看待问题，使我们更深入地思考。"

我们往往会在遇到困惑、打击、失败等类似情形时，才会更加深刻地重新审视自己，正所谓失败是成功之母。"相信自己，我能行。"这是很多人用来鼓励自己的话语。在逆境中，我们更应该坚定自己的信心，相信自己能够克服困难。千万不能轻言放弃，特别是在逆境中，人们更容易产生惰性。只要我们坚持不懈，就会创造出更美好的明天，终会走出困境、泥潭。当我们身处磨难中，应当将其视为一种财富的给予。

刘思出生于一个平凡的农村家庭，一个孩子的降生多会给家庭带来很多欢乐，而刘思并没有，因为他被诊断患有一种先天性的眼部疾患，并最终造成双目失明。刘思从小就无法和正常孩子一样无忧无虑地玩耍、上学。可是，他对生活的热爱，凭借自己的努力和智慧依然谱写了一曲辉煌的生命乐章，获得了前所未有的成功。

刘思的成功得意于他伟大的母亲，虽然孩子从小失明，但母亲从来没有放弃他的念头。当刘思生活能够自理时，送他去盲人学校念书。刘思自己也很争气，才华横溢的他不负众望考进某残疾人艺术团，最终凭借自己的艺术天赋成为一位知名的乐师。

正当刘思的日子一天天变好时，生活偏偏和他开了很大的玩笑。先是与自己感情很深的奶奶去世，接着是父亲遭遇车祸撒手人寰。亲人的相继离世，一连串的沉重打击，却没有将他彻底打垮。刘思始终抱着自己的理想，始终执著地坚持着自己的梦想，最后成为一名受人尊敬的音乐家。

刘思的故事让我们感动，他的行为让我们尊敬，他的精神值得我们学习，他的坚持给我们带来心灵的震撼。

有句话叫："穷人的孩子早当家。"在城市里长大的孩子根本不懂得人情世故，生活条件优越，因此没吃过苦。而穷人家的孩子大多经历了苦难的磨炼，学会了在逆境中成长，因此更加懂得人生的真谛。既然选择了风雨兼程，不管前面的道路多么曲折，只要坚持义无反顾地走下去就是正确的。在狂风暴雨中成长的大树总是更能经受得起环境的考验，而在温室里的花朵则容易被摧残。

如果你乐观地对待逆境，那么逆境就是一笔巨大的财富；如果你坦然面对逆境，那么逆境就会使你成为生活的强者。关键是看你如何对待，事物总是会相互转化，逆境也会变成顺境，只要有心去努力不被挫折操纵才好。

有一天，一个农夫牵着的一头驴子，掉进了一口枯井，农夫很是苦恼，驴子也痛苦地哀号着。但几个小时过去了，农夫依然没有想到方法将驴子救出。这位农夫决定放弃，他心想：这头驴子本身已经老了，即便是我大费周章地把它救出也无济于事。但为了减免驴子的痛苦，农夫请来左邻右舍帮忙一起将井中的驴子埋了。于是，乡亲们拿着铲子，开始往枯井里铲土。当这头驴子了解到处境危险时，开始凄惨地哭泣。过了一段时间后，大伙突然听不到驴子的叫喊，农夫觉得奇怪，于是探头往井底一看。出人意料的是，当铲进井里的泥土落在驴子身上时，它将泥土抖落在一旁，并聪明地站到了泥土堆上面。于是，驴子离井口越来越近，终于这只驴子得意地上升到井口，兴奋地出来了。

其实，在生命的旅程中，我们也会遇到如驴子的情况，我们会陷入"枯井"里，也会被"泥沙"掩埋。此时，最有效的升井措施就是将"泥沙"抖落掉！这"枯井"就是逆境，而原本要埋葬我们的"泥沙"也是我们生还的机会，驴子能利用这个机会，将自己解脱出来，我们怎么就不行呢？我们也要学会在逆境中成长，要善于随机应变，在逆境中磨炼自己，想办法。如果只是一味地苦恼、抱怨，则就会为逆境所掌控，同时也会将逆境这个原本塑造、孕育我们成才的机遇给毁掉。

挫折，有的人面对挫折手忙脚乱，不知如何是好；有的人却能够把挫折当成是人生的考验。我们每个人都会遇到挫折，如果你在此中苦闷不堪，悲观绝望，甚至变得消极改变本性，那就只能是个彻底的失败者。如果我们依然始终怀抱希望，能够不忘记为梦想而奋斗，那就会使自己成为一个成功者。

有一年夏天，一位地理学家带着他的两个学生进溶洞考察。这个在当地人眼中的"魔洞"，一般人不敢问津，因为很多人都是一去不复返。

地理学家一行 3 人历经 14 个小时，来到了一个有半个足球场大小的水晶岩洞，他们很是兴奋，尽情地欣赏着迷人的水晶。正当一行人兴奋不已时，负责画路标的学生忽然惊叫道："遭了！刚才我忘记刻箭头了！"这时，当他们再仔细看时，成百上千个大小各异的洞口，如迷宫般洞洞相连，如何能走得出去？他们转了很久，都没能找到退路。

突然间，老教授惊喜地喊道："快看！有一个标志在这儿！"于是，他们决定顺着标志前行，因为老教授有经验，而且是第一个发现标志的，就让他在前面带路。

最终，强烈阳光刺疼了双目，但这也意味着他们已经走出了"魔洞"。当那两个学生激动不已地落泪时，他们对老教授说："要是没有那位前人……"这时老教授从衣兜里掏出一块已经磨去一半的石灰石，意味深长地说："唯有相信自己，才无绝人之路。"

面对人生的困境，唯有在自己的心头点燃一根火柴，唯有相信最应当信任的人——自己，才有走出人生"魔洞"的可能。在可怕的魔洞面前，所有进去过的人都不曾复返，因此对人的心理会造成极大的考验。这就是老教授的智慧之处，他用磨去的半截石灰石唤醒了学生自身蕴涵的巨大的力量。

要在逆境中善于发现各种机会，才能使自己走出困境，获得重生。即使眼看山穷水尽，也要有信心，有毅力，有勇气，有实干精神，有恒心，这样才会柳暗花明。临渊羡鱼，不如退而结网。凡成大事者，必然是脚踏实地、努力

奋斗的人。幻想憧憬不是办法，正视、面对，坚定信心地去干，才是走出困境的方法。

当心乐极生悲

> 遇到高兴的事要保持一颗平常心，千万不要高兴过了头，要是乐极生悲，可就不好了。

人生中的悲欢苦乐，有其固有的特性，但也如阴阳转换一般，并非绝对，是相对的。在顺利时会突遭祸患；在困苦的时候会有苦尽甘来，在欢乐的时候也会有乐极生悲。

1956年，苏联年仅18岁的小将维亚切斯拉夫·伊万诺夫在男子单人双桨赛艇比赛中，凭借超人的耐力和顽强的拼搏精神，收获了他运动生涯中的第一枚奥运金牌，当时的成绩是8分2秒5。伊万诺夫兴奋异常，在颁奖仪式结束后，来到了文多雷湖边，十分深情地亲吻着这枚来之不易的金牌，并且一次又一次地将金牌抛向空中。在与观众一次又一次的欢呼中，伊万诺夫越来越使劲地抛出金牌，金牌也被抛得越来越高。然而，有一次伊万诺夫在触碰金牌时不慎将其打落到了文多雷湖。那一刻伊万诺夫惊呆了，同时也醒悟了。他不顾一切地跃入湖中寻找他的金牌，不断地潜水直到精疲力竭。后来还请来了职业潜水员帮助搜寻，但依然一无所获。最终，这个来自莫斯科的赛艇天才因为自己的过分高兴和年少轻狂，付出了十分惨痛的代价。后来,大会组委会很同情他,经过协商,补发了一块金牌的复制品给伊万诺夫。

此后,和伊万诺夫在罗马(1960年)和东京(1964年)两度卫冕该项目的冠军,最终成为奥运会史上,在单人赛艇中唯一一位荣获三连冠的选手。当然,他再也没有重蹈覆辙,颁奖仪式过后,他再也不愿把金牌抛向天空。

无休无止地欢喜却易转益为害,物极则反,数穷则变。一味狂欢尽兴是肤浅的人生,"大凡称心处,即是多病处"。尽兴有度是大雅的人生,"棋可遣闲,易动心火。"换来的常常是疾苦的懊悔。其实,兴尽悲来不局限于文娱方面,欢喜与悲痛是伴生的,因此这是触及到人生的各个方面的。

齐威王是战国时期的一位喜欢彻夜饮酒的君王。一年,楚军进攻齐国,齐威王连忙派自己最信任的使节淳于髡去赵国求救。淳于髡确实不辱使命,不辜负齐王重托,向赵国请来了10万大军,于是楚军吓退撤军。为了庆贺淳于髡的大功,齐威王立刻下令摆设酒宴请淳于髡喝酒庆贺。

酒宴上,齐王高兴地问淳于髡:"先生饮多少酒才会醉?"淳于髡看出齐威王又要彻夜喝酒,于是答道:"我喝一斗酒也醉,喝一石酒也醉。"齐王不解其意。淳于髡便解释道:"自己在不同场合、不同情况下酒量也会有变化。人如果快乐到了极点,就像这喝酒到了极点一样,可能会有悲伤之事发生,可能会有因酒醉而乱礼节之事发生,正所谓'酒极则乱,乐极则悲'。所以,超过了一定限度,做任何事就都有可能会走向反面了。"淳于髡的一番话说得齐威王心服口服,于是十分痛快爽朗地接受了淳于髡的劝告,改掉恶习,此后不再彻夜饮酒作乐了。

度的真正内涵为限度,其实,对事情有一个度,人们对自己也需要有一个度,正所谓适可而止。在一定范围内,事物才能保持其原有的性质,这也就是一切事物从量变到质变的临界点。量变总是在一定范围和程度内发

生,而超过一定范围和程度,就会使事物的根本性质发生巨变。物极必反是任何事物在其发展过程中不可避免的客观现象。

同一事物发展过程中,过度与适度是两种不同状态,它们之间没有一条不可逾越的鸿沟。因此,事物的发展过程中必须把握好度的标准。

陈新在一家大企业作高管,平日里应酬很多,一日三餐也都不能按时来吃。周围朋友都建议道:"你可得注意身体,饭还是得常规吃呀!"面对朋友的好意提醒,陈新也都礼貌的表示会注意。可是在实际生活中,却还是未加关注,总觉得自己身体挺好,年轻能抗。

一日,在餐桌上陈新突然觉得胃部剧痛难忍,在几个同事的帮助下去了医院,经诊断是严重的胃溃疡,得住院治疗。在住院的这段日子里,陈新反思自己:以前总认为自己身体好,只是再好的身体也耐不了长时间的饮食不规律、暴饮暴食的折腾。凡事都有个度,超过了身体的承受度自然是会出问题了。

大喜往往会令人陷入危险的境地,大喜自然会在短时间让人感到极度的幸福,这也就是乐极生悲。所以,极端的情绪会影响人追求幸福的感觉和生存的状态,因此,大悲和大喜都不是好的心态。需要不断地领悟和修炼,才能做到"不以物喜,不以己悲",达到一种比较高的精神境界。成就什么样的事情,在很大程度上取决于我们怀有什么样的心态。将心态控制在一个平衡的位置,应当避免情绪极端化,其关键在于如何理性地看待"失"与"得"。面对问题时,如果我们的心态平衡了,并多一分从容,那么很多问题也就迎刃而解了。

没有过不去的坎,只有不愿爬起的人

**生活中的逆境在所难免,但是生活中没有过不去的坎,逆
境往往能够成为砥砺人生锋芒的砺石。因此,逆境能成就那些
能够跌倒再爬起的强者;反之,逆境也能打击、毁灭不愿爬起的
人。挫折是人生最好的课堂,逆境是上天给予的最宝贵财富。**

人在生活中难免会遇到沟沟坎坎,这些就是所谓的逆境,道路上有风
云莫测的飞来横祸,有充满艰难险阻的障碍。面对这些,努力的人往往百折
不挠;不愿努力的人,则会恐惧、逃避、裹足不前。

逆境对任何人都是不可避免的,拥有自信、勇气,拥有毅力与理想,则
能在坎坷的人生道路上继续前行,走出低谷。正如卡耐基说:"逆境是人生
最好的教育。"那些能够坚强和勇敢,学会思索与独立的人,往往在经历逆
境的磨难后能铸就伟大的人格,激发智能与潜力,灵魂得到升华。

在美国有一位穷困潦倒的年轻人,他想做演员,拍电影,当明星。但是,
他倾其所有也无力购买一件像样的西服,即便如此,他仍全心全意地坚持
着心中的梦想。

当时,好莱坞有 500 家电影公司,所有的 500 家电影公司没有一家愿
意聘用他。虽然,他很认真地根据自己的路线进行排序,并一一拜访。面对
百分之百的拒绝,从最后一家被拒绝的电影公司出去之后,这位年轻人没

有灰心，而是开始了第二轮的拜访。然而，还是遭到了 500 次的拒绝，就这样他继续第三轮，第四轮……几轮之后，第 350 家电影公司的老板居然将他的剧本留下先看一看，并且还破天荒地通知他去详谈。后来，居然还决定投资开拍这部电影，并请这位年轻人担任男主角。

这就是著名的电影《洛奇》，其中的男主角就是日后红遍全世界的巨星席维斯·史泰龙。

没有不会经受苦难的人生，因此，与其在困难面前束手无策，还不如把它当做是人生的一种磨炼、一种考验。

困难并不可怕，在困难中使人倒下的往往不是困难本身，而是不能正视困难的消极悲观的态度，缺乏战胜困难的勇气和信心，没有坚强的意志。在困难中，人的信念、人的精神起着很大的作用，因为有些事情的结果是难以预料的，因此有时以顺其自然的态度面对困难，可能会更好。期待的结果也许会使人失望，在困难面前，我们最好是尽力而为就是了。

逆境将勇气的刀刃磨得更锋利。苦难出人才，正所谓哪里的人最能承受苦难，哪里的生命就最受尊重。当我们遇到困难或挫折的时候，会唤醒人们潜在的高尚品质，会砥砺人们的勇气，会使一个人变得更加伟大。自满自足、飘飘然的人，往往在生活中没有经受任何磨炼。这样的人极容易在小的、暂时的挫折面前乱了手脚，往往会无法经受住任何生活的打击，堕入绝望的深渊。

圣吉在一次飞机事故中瘫痪在床，当时飞机起火，他被烧得遍体鳞伤，面部也被烧变了形，看上去很是恐怖。一般人碰到这样巨大的灾难，大多会觉得自己是天底下最倒霉的人了，会在抱怨与悲哀中一遍遍地追问："为什么这么不公平？怎么就是我？我这一生都毁了，活着还不如死了好……"

但是，圣吉却不同于常人的想法，他考虑的是："我康复之后怎样继续工作?我怎么才能重新站起来?我应该怎样回报并服务社会呢?我不过是烧伤了躯体,但我还有清醒睿智的大脑,这是生活对我的恩赐。"

圣吉在住院的时候,美丽动人的女护士恩娜负责照顾他,慢慢地圣吉对恩娜渐生爱意,圣吉不顾自己的相貌和残疾,大胆地想:我怎样向恩娜表达自己对她的爱慕之心呢?我该如何与恩娜约会呢?

后来圣吉不仅奇迹般地恢复了健康,同时也娶了恩娜,使她成为了自己的太太。

苦难和困境会使我们容易接近他人的心灵,经过苦难考验的人,对人生有了更深的体会,与他人也会更容易相处,从内心理解和接受对方,而且往往更具有爱心。如果没有苦难的磨炼,我们就很难体会、感觉到人是多么容易犯错误,是多么渴望爱和被爱,是多么软弱。那些自始至终把生活看成是一种磨炼和考验的人,其实就是选择了砥砺的人生,这些人在任何困难前面都会调动起自己所有的勇气和智慧去迎接挑战,而不会退缩和畏惧。

得意不要忘形，失意不必放弃

> 每个人都有顺境和逆境，逆境发人深思，在逆境中，我们不
> 可垂头丧气；顺境能使人浅薄，幸运会使人浮躁，无论是顺境还
> 是幸运切不可得意忘形。

许多人一开始奋斗得十分起劲，稍有成绩就自鸣得意起来，于是失败立刻接踵而来。正如美国汽车大王福特所讲："当一个人认为自己取得很多成就，便止步不前，那么他的失败就在眼前了。"石油大王洛克菲勒也说："当我的石油事业日新月异时，我就会在睡觉前拍拍自己的额头说：'千万不要让自满的想法，扰乱了你的脑袋。'我不断地进行着这种自我反省与自我教育，这使我受益颇多，而且在这样的自省后，会使自己更加平静，会使自己不被沾沾自喜、自鸣得意的情绪所左右。"是的，乐极生悲，人在顺境和得意时，切莫得意忘形，否则就会滋生败象。《伊索寓言》里有这样一个故事：

有只蚊子飞到狮子面前冲它叫嚣道："你也并不比我强多少，所以我不怕你。你的力量到底有多大？你也无非就是用爪子抓，或者用牙齿咬？那是女人同男人打架时也会用的。我的本事比你大多了。不妨我们比试比试。"蚊子看准了狮子鼻子周围没有毛的地方，猛地咬了一口。狮子在盛怒下用爪子把自己的脸抓破了，最终狮子要求停战。

第 11 章　顺逆平常心

胜利的蚊子唱着凯歌，在空中飞来飞去，却不幸被蜘蛛网粘住了。蚊子将被吃掉的时候，感叹道："我最终竟是被小小的蜘蛛所消灭，可我刚刚才战胜了最强大的狮子呀！"

不论处境如何，不迷茫，不造作，以坦然的态度应对痛苦和快乐，以平常心迎接它、欣赏它、领略它、处理它。无论是顺境还是逆境，都要充满生机、充满快乐、充满希望、充满活力地面向未来！

坦然是面对一切的不计较，是一种心境，是面对现实的一种宠辱不惊，是心态平和。顺其自然是一种泰然，是不计金钱、名利、地位。它是"有为"后的一种心理状态，不是不在乎，任其发展，并非古代智者的"顺天而行"、"无为而治"。人生之路并不都是我们能预料到的，并不都是充满阳光鲜花的大道，我们难免会遇到沟沟坎坎、磕磕绊绊，但只要我们努力去做，也会收获快乐，也会求得一份付出后的坦然。受到表扬了，别得意，总结经验，再接再厉；被批评了，没关系，及时改正，吸取教训；得到所想时，不矫揉造作，不沾沾自喜；失去所有，不妄自菲薄，不颓废沮丧。只要真真实实地生活，有一颗坦然的心，得之淡然，失之坦然，平静地看待变化，你会发现原来一切也不过如此。

耐尔·桑德斯在他 6 岁时就失去了父亲，他挑起了家庭的重担，为了照顾年幼的弟弟、补贴日常家庭支出，他与妈妈一起下地劳作，也因此不得不休学在家。随着年龄渐长，他并不认为农民是自己的理想，于是就离开了家，开始进城经商。起初，他筹资在城里开了一家汽车加油站，然而当加油站营业后，才发现生意并没有想象中那么好，而且当时刚巧遇上了美国有史以来最严重的经济危机，他虽苦心支撑，也不过一年左右时间，后来还是倒闭了。

第二年，美国经济开始复苏。耐尔·桑德斯觉得发展的机会来了，于是他重新开了一家汽车加油站。而且，还附带地开了一家餐馆，开始了加油和餐饮的双重服务。这种复合式服务很是满足实际需求，饭菜可口，开业后生意非常兴隆。但是，好景不长，还没等耐尔·桑德斯欣喜，一场突如其来的大火将他的餐馆烧个精光，也是这一场火烧掉了他的创业梦。

面对这两次致命的打击，耐尔·桑德斯重新调整心态，虽然也曾一度低迷，最终还是觉得不能就这么被命运打败，要从低迷中赶紧清醒过来。经过调整后，他决定再一次从头开始，振奋精神，开始四处筹资，开设了一家比以前规模更大的餐馆，因为有了之前的成熟经验这家餐馆的生意比以前更加兴隆。然而，命运之神再一次和他开了一个玩笑，当他重新看到曙光时，因为美国正处于一个高速发展的黄金时期，政府大刀阔斧地进行城市改造，原本车来人往的商业街，如今变成了一段人流稀少的角落，耐尔·桑德斯的生意再次一落千丈。

经过这几次打击和折腾，耐尔·桑德斯已经65岁，而他已身无分文，并且已然度过了人生中最美好的年华。耐尔·桑德斯拿到了生平第一张救济金支票，金额为105美元。当时，他还保留着极为珍贵的一份专利，就是从前那份赖以生存的炸鸡秘方。想着这些，耐尔·桑德斯并未死心，又一次打起精神，开始他的再次创业。在他70岁时，耐尔·桑德斯的炸鸡餐馆遍布美国和加拿大，连锁店在全美达5000家，海外达4000家。他创立的餐饮品牌就是我们所熟知的肯德基。

人的一生，就是得与失互相交织的一生。看似平淡，却折射出一种对人生使命的思考，能够正视得与失，对物质和精神关系有透彻的理解，人们才会实现自己的人生目标。

勤奋踏实地工作,切莫投机取巧

越来越快的节奏而带来了越来越大的压力, 速成式的成功,使得人们总想投机取巧,甚至铤而走险。要知道,这种一时快乐之后,隐藏着的是更大的危险和痛苦。

勤奋踏实地工作才是最高尚的,投机取巧往往使人堕落、退化。无论事情是大还是小,如果你试图投机取巧,最终的生活实例只会证明:这只是表面上节省了一些精力和时间,从长远来看,你将花费更多的时间和精力以及财力等,从本质来讲,会损失更多。

从某种意义上说,草率分心、往多个方向发展,不如在一个方向上一丝不苟。因为一丝不苟地做事能够迅速培养一个人良好的品格,加速进步与成长,让人获得智慧;更重要的是它能鼓舞人不断追求进步,带领人往好的方向前进。而一个人一旦养成投机取巧的习惯,做事不能善始善终,那么他的品格会大打折扣,因为他的心灵缺乏相同的特质。他因为不会培养自己的个性,无法实现自己的追求,其意志也是无法坚定的。

从前,一只做小本生意的驴子愉快而又辛苦地在河附近生活着,它主要是从事卖盐和海绵的生意。

一天,一头老黄牛听别人说驴子在做生意,它想买点东西,于是就来到这个生意做得很红火的驴子这里。然而,老黄牛的腿脚不方便,无法走很远

的路，这让老黄牛很痛苦也很伤心。正当老黄牛苦楚的时候，看见了驴子便问它能否提供送货服务。

驴子答道："您要些什么?我们可以上门服务。""嗯，我要些盐。"老黄牛回答道。"那我们下午就可以给您送到。"驴子兴奋地说。老黄牛很开心说道："太好了，真是谢谢你啊!"

"这是我应该做的!我又有生意做了，不用客气。"驴子很高兴。

下午，驴子装好盐，于是往老黄牛家前行，待它走了一段路之后，发现前方有一条小河。虽然有些胆怯，可是它还是壮着胆子，坚持要走下去。突然，一个不小心，驴子滑落到小河里，但它毫不动摇，顽强地站了起来。

待驴子再次起身时，发现自己身上的盐轻了许多，它心想："没想到摔一跤还会赢来好事，盐变轻了!"就这样它轻松地来到了老黄牛家，见到老黄牛后对它说："黄牛大伯，盐给您送来了。""这是盐的钱，快让我看看。哦，对了，我多付你一些钱吧，看你辛苦地驮过来。拿好，再见啊!"驴子很欣喜，因为它觉得自己在落水后，既省了力，又可以拿到赏，一举双得啊!"

不过多时，老黄牛请驴子送海绵，驴子还是选择了原来的路线，想着上次驮盐尝到的甜头，这次还想试试。于是，它故意滑下水，结果担子变重，最后把驴子压死了。

投机取巧的行为，从本质上来说，实际就是急功近利，不择手段，违背了事物发展规律，从而产生了弄巧成拙的结果，反而事与愿违。正如《老子》中说："大智若愚，大巧若拙，大音希声，大象无形。"这里所说的"巧"就是处处顺应事物发展规律，不违背事物发展规律，要在这种顺应中，自己的目的会自然而然地得到实现。而看起来不显山不露水，是大巧若拙人的智慧，而且这种宁拙毋巧的人，在扎扎实实干事，老老实实做人的基础上，往往能够不声不响地把事业推向高峰。

2009 年初秋，诺贝尔物理学奖得主杨振宁时年已是 87 岁高龄，他在重庆八中的精彩演讲后，应邀为中学生题词，提笔在纸上写下四个大字"宁拙毋巧"。杨振宁说："投机取巧是没有前途的，我今天之所以写这几个字，就是希望大家能够学会诚实，就是希望从你们年轻一代开始，诚实、脚踏实地做学问，这样才会成功。"

老老实实，踏踏实实，宁拙毋巧，就是告诉我们要用汗水去换成果，走正途去求成功，这一个"拙"字并非笨拙，而是一步一个脚印；此处的一个"巧"字也不是巧夺天工，更是一种弄虚作假，偷工减料，投机取巧，歪门邪道。那些投机取巧者，平心而论，也确有侥幸取得成功的，但靠投机取巧出大成就、干大事业的，并未出现过，正所谓一分付出一分回报。诚如鲁迅先生所言："捣鬼有术，也有效，然而有限，所以以此成大事者，古来无有。"

想想看，聪明过人的杨振宁，尚且需要连续几个星期、每天十几个小时地泡在实验室里下工夫，年复一年地努力，夜以继日地苦干，最终也才会脱颖而出。也正是有了这种经历，才会产生"宁拙毋巧"成功之道的心得体会与经验。

那些几十年不倒的国际知名品牌，正是有了过硬的商品生产、销售，可靠的质量、信誉，再加上巧做广告，才会享誉世界。他们并没有将精力放在虚假广告骗人，假冒伪劣产品欺世，也不追求一时赚得的暴利，而是踏踏实实地做事，不攻于"巧"，而专于"拙"，那么成功是必然之事了。

得意切勿忘形，忘形势必摔跤

为了明天的不失意，一定要丢弃今日的忘形。人们往往在得意时忘乎所以，如此就是在酝酿失败，因此切莫高兴过了头，否则，今日的得意也许就是明日的失意。

得意忘形在字典上的解释是："得意"即得志就高兴，"忘形"即控制不住自己，本词的意思是形容浅薄的人稍稍得志，就有可能无法控制自己。一般而言，得意忘形之后的结果往往都是不好的。普通的人，在得意时会忘记自己是谁，会忘记付出时的辛劳，会忘记如何正确对待生活，会迷失自己、迷失前进的方向。当有人奉承你见多识广时，请不要感觉自己就是"全球通"了；当面对他人夸你漂亮貌美的时候，请不要觉得自己都能赛貂蝉了；当有几个人围着你转悠时，请不要觉得自己就是众星捧月了；当有人夸你年轻时，请不要故此装嫩了；当有人赞赏你的才能时，请不要膨胀自己；当有人吹捧你德高望重时，请不要也自我感觉高大了起来。如果你有这样的想法，那都是定位不恰当，都源于对自己的认识不到位，高估了自己，迷失了自我。或许此时你需要来修正自己未来之路，审视自己的价值观、人生观、世界观。

得意是人性的某种本能趋势，人在得意的时候容易忘形。往往把自己看得至高无上，变得飘飘然，鹤立鸡群，晕晕乎乎难以辨别方向，自我感觉良好。在不该属于自己的位置上抢占强占,在不属于自己的位置待着,这是人生的悲哀,因为你暂时得到了本不该属于你的东西,终将会失去,在这种好景不长之后,你又该如何面对?

一个人的经验深浅、心理素质好坏、理念和意识等综合素养的高低,都会影响、决定人们在面对夸奖时的态度、行为、反应。思维清晰的人,往往能够清楚地看到得意背后的隐患,很好地掌控得意后的轻狂。他们能够很好地避免门第冷落,一落千丈,无人问津的尴尬局面,保持好人缘,好口碑。

从前,在一片芦苇地的旁边住着一个农夫,芦苇地里常常有野兽出没,于是农夫需要拿着弓箭到庄稼地和芦苇地交界的地方去来回巡视,以免自己的庄稼被野兽毁坏了。

农夫每天都会到田边看护庄稼,平平安安地到黄昏时分。一天下来,农夫也有些疲惫,于是就坐在芦苇地边休息。

忽然,在空中飘起了纷纷扬扬的芦花。他不禁感到十分疑惑:"这会儿也没有一丝风,也没有感到芦苇有摇晃,芦花怎么会飞起来呢?是有野兽吗?"想着想着,农夫开始提高了警惕。于是,站起身来一个劲地向苇丛中张望,过了好一会儿,他终于看到了隐蔽在那里的一只老虎,那老虎时而摇摇脑袋,时而晃晃尾巴,还不时地蹦跳着,似乎高兴得不得了。

农夫想:"这老虎为什么这么撒欢呢?不管怎样,它现在都是自己的猎物了!"其实,那老虎也是刚捕到猎物,有些得意忘形,忽视了周围会有什么危险,将自己暴露在农夫的视线里。

就这样,农夫用弓箭瞄准了老虎现身的地方,趁它又一次跃起,就一箭射过去,老虎在一声惨叫后,一命呜呼,扑倒在苇丛里。

农夫在确定老虎死后,前去提取老虎,发现老虎前胸插着箭,身下是一只死掉的獐子。

老虎真可谓是乐极生悲。捕到了獐子高兴万分,被一时的胜利冲昏了头脑,结果自己也一命呜呼了。

待人接物时能温和有礼、平易近人、尊重他人,这是成功人士必备的品格,而且他们还善于倾听别人的意见和建议,取长补短,能虚心求教,在成绩面前不居功自傲,对待自己有自知之明,往往主动认识自己的错误,不掩饰却力求改进。

不论你从事何种职业,要想保持不断进取的精神,要想增长更多的知识和才干,就必须谦虚谨慎。永不自满,谨慎从事,这才能够使人冷静地倾听他人的意见和批评,才能够在谦虚谨慎的品格下帮助你看到自己的差距。否则,主观武断,骄傲自大,满足现状,轻者使工作受到损失,重者甚至造成严重后果,事业半途而废。

当我们在荣誉面前能够不骄傲,把它视为一种激励自己继续前进的力量,谦虚谨慎地继续前行,才能够不陷在荣誉和成功的喜悦中不能自拔,不会因为沾沾自喜而不再进取。

悲喜平常心

——不为外物悲喜，不因琐事乱心

喜、怒、忧、思、悲、恐、惊，这是人之常有的情志。在外界各种因素的刺激下，我们产生了这样或者那样的情绪。只是，拥有平常心者善于掌控自己的情绪，善于驾驭自己的情感。在悲喜面前不为所乱，不因琐事烦心，就是平常心给予我们的智慧。

不以物喜，不以己悲

度在任何领域、方面都是十分重要的，如何把握这个度，往往决定了我们能否正确地处世。"不以物喜，不以己悲"就是在告诉我们，有这种生活信念的人最终都实现了人生的突围和超越。在生活中，你能取得令你欣喜的成就，能在这种诱惑中把握住自己，用一颗平常心淡然地看待这一切，能在淡泊或喧嚣时，给自己一份心的超然，就会避免走入人生的低谷，避免一蹶不振。

不以物喜，不以己悲，打开心灵的窗户，端正人生的态度，丢下超重的负荷，歇息在淡泊这块没有杂质的芳草地上，抛弃失意的包围，就会找到一份宁静。不论是激昂的人生，轰轰烈烈、暴雨瓢泼；还是恬淡的人生，无声无息、清风和煦，始终抱有一颗平常心才是关键。无论是失败者的东山难再起，还是成功者的硕果难久存，成败兴衰且不论，坦然面对，才会不倾慕声威，不沮丧卑微。

不以物喜，不以己悲，不是小肚鸡肠，而是宽厚、仁慈，是一种宽宏的气度。在生活的平淡中，淡然地看待一切。能做到不争名利，不心存忌妒，不争宠于阿谀奉承之中，怀有一股自然的荡气与豪气，让自己从容、超然与洒脱，找一个淡泊的心境，让自己品味出宽阔心中的内敛韵味。

战国时期，有一位住在长城之外的李大爷。有一天，李大爷家养的一匹

第12章 悲喜平常心

——不为外物悲喜，不因琐事乱心

马无缘无故走失了。因为李大爷是在塞外，马对于一个家庭来说是重要的资产，是最主要的负重工具。然而，这位老大爷却并不在意，还对前来安慰他的邻居说："这件事未必不是福气！"果然，没过几个月，那匹走失的马居然带了一匹胡人的骏马回家，当时胡马是十分优良的品种，这对于李大爷来说真正是赚了。于是，有邻居前来庆贺，而李大爷却说："这未必不是祸！"几个月后，李大爷的儿子李虎骑着胡马比赛，结果摔断了大腿骨。这接二连三的事，让邻居们无不佩服李大爷的料事如神，当然也为他儿子的不幸遭遇而赶来慰问。正如人们所料，李大爷毫不在意地说："这倒未必不是福！"事隔半年，战事频发，朝廷开始征召壮丁入伍，战死沙场者十之八九，而李大爷的儿子因为腿脚不便未去参战。

李大爷正是一直秉持着平常心，才会透过长远时空、利弊并重地思考问题，遂成为中国传统文化中睿智的典型。

人们其实都潜藏着一种向上的力量和敏锐的智慧。求索者不患得患失，成功者不矜夸，不计较是否有颇丰的收获，智慧者不浮躁，不计较失大于得的比例失调，这就是不以物喜不以己悲。这是一种人生的体验，是一种自我的回归，是一种平衡心态的洒脱。古今多少事，都付笑谈中，世上有走不完的路，也有过不了的河，以淡泊之心看待，真遇到走不完的路就掉头而回。只有这样你的心里才能永远拥有阳光，你才能真正领略平淡的意义。

南方楚国有一个人叫支离疏，他的形体很是独特，说是造物主在心情愉快时开的玩笑也行，说是造物主的一个杰作也好。他脑袋形似葫芦，脖子像丝瓜，双肩高耸超过头顶，头却垂到肚子上，背驼得两肋几乎同大腿并列，颈后的发髻蓬蓬松松似雀巢。

支离疏乐天知命，日高尚卧，簸米筛糠，无拘无束，舒心顺意，替人缝衣洗衣，足以糊口度日。

207

一个在形体上支支离离、疏疏散散的人，以淡然的心性，安享天年，乐天知命。这样的人尚能如此，我们这些正常人更应当能够逢凶化吉、远离灾难。月满则亏，水满则溢。荣辱自古周而复始，否极泰来，大可不必盛喜衰悲，得喜失悲。

即使生活再忙碌，也要留点宁静的时间给自己，生活不是简单地为生而活，因此需要我们放缓生活的脚步，来梳理一下自己的思绪，享受片刻诗意般的生活。心灵的空间，需要思考感悟来扩展；生活的空间，需要适时地清理删减而得到更多空间。假如我们转身面向阳光，就不会过分关注发生了什么事，而是我们处理事情的方法与态度。

在东奔西跑，手忙脚乱之中，不为役所累，不为物所役，却无暇顾及四季的变化，只为功名利禄的鞭子驱使下自己一路狂奔。在忙碌中，我们会忘记了生活本身，忘记了对生活的思考，而是在不请自到，如影随形的烦闷、苦恼、忌妒、愤怒、失望、焦躁等不良情绪中沉浸着。长此以往，我们可能背离生命的真谛，可能失去了给自己喘息的机会，终将难得成功。

人生如一条淙淙流淌的长河，平平淡淡地来去，偶尔也会有波澜壮阔的时候，我们会感受到一马平川时迂回柔情的安详，也会欣赏到峰峦叠嶂时一泻千里的壮丽之美。然而，宠辱不惊，去留无意，拥有一颗平常的心，学会满足，才能理解别人；拥有一颗平常的心，看庭前花开花落，看天空云卷云舒，才能善待自己，享受生活。

生活中不如意的事十之八九，逆境里不大悲大愁不弃不馁，因为我们无法预测，只能是笑看云卷云舒，静观花开花落。正所谓平平淡淡才是真。淡看人生荣辱得失，恬淡寡欲，去留无痕，一切均如过眼烟云，真正的永恒只有淡泊人生、心胸豁达才是最高境界。

在人生之海驾驭生活之舟时，时有狂风暴雨的洗礼，时有惊涛骇浪骤起，但终有宁静的港湾供你停泊心灵的小舟。这就需要我们有不以物喜不以己悲的心境！

范仲淹的《岳阳楼记》是传世名篇，蕴涵深意，其中的"不以物喜，不以己悲"，集中体现了中国的传统儒家思想，体现了范仲淹的博大胸襟。此句意为：不因为物质上的丰富、富有而骄傲、狂喜；不因为个人的失意潦倒而悲伤。这是古代修身的要求，这是一种思想境界。无论面对失败还是成功，不因一时的成功和失败而妄自菲薄，始终保持一种恒定淡然的心态才是重要的。无论何时以一颗平常心去对待日常事，始终保持一种豁达淡然的心态。请不要错误地认为平常心是一种无所谓的心态，它实际是一种行动。

"不以物喜"："物"可能是金钱、房车，可能是职位、权力，是指结果，是指你现在已经得到的东西。"物"往往是现在的你的成就、你的财富，是你对过去价值的承认。人的满足感、成就感基本来自于已经得到的，而那些刚刚获得的财富、名利的增加，则会使你获得实在的好感受。倘若没有这种增量，满足感和成就感就会日渐减少，也就是人们常常讲的"时过境迁"。当时间流逝的时候，心境也会随之而变迁。要用辩证的眼光来看，始终保持一颗迎接未来的心。人活着，不管你觉得自己是多么厉害，在任何时候都别把自己太当回事。路还很长，如果我们只会欣赏现在的"物"，就会影响我们发掘更多的机会，迎接更多的挑战，也就会错失可能属于我们的更美好的未来。

"不以己悲"：不要妄自菲薄，被所谓的领导者、所谓的权威、所谓的成功者蒙蔽了自己的双眼。每个人在看到自己弱点或是失败的时候常常会感到沮丧，其实，只要不把自己当回事就会轻松很多。每个人需要建立起自己的坚强的发展系统，这样就不会将自己的潜力和发展机会限制住，不会埋没了自己。不断挑战未来的可能性，在自己的职业发展中不断努力、不断发展，才能走向自己憧憬的美好未来。

　　人的一生面临太多得失，所谓"舍得"，也需真的先舍才有得！所谓"得失"，其实就是一种辩证，我们在有所舍时自然会得到些许。在现实生活和工作中，人很容易患得患失，难免会有种种近期效益的诱惑。这时候最好是追问自己到底想要什么，如何做才能与自己追求的梦想靠得更近。人生有梦，但筑梦要踏实，有时候，放弃也许是为了另一种坚持。能够做到什么，可以达成什么，无法完成什么，都需要梳理清楚。

　　人生中的伤害和挫折并不可怕，寻找来自内心的支持的力量，就可以化解掉痛苦。是的，当不如意时，不要为那些不顺心的事纠缠，让所有的烦恼都沉入心底吧。要保持一种恒定淡然的心态，无论面临什么得失，面临什么困难，不因一时的成功和失败而妄自菲薄，也不要沉沦于失败的阴影当中。一切终将会过去，看风云变幻，云淡风轻。

与其烦闷，不如顺其自然

生活中，我们整日劳苦奔波，身不得闲，为了满足各种欲望，心灵欲念膨胀，烦恼便由此而生，在杂念的纠缠下，烦由心生。而顺其自然是一种处世哲学，看得透，能够做到任何事情都想得开，才能达到顺其自然的效果。

十几年前，有一首周华健的歌叫《最近比较烦》，当时之所以广泛流传，关键在于唱出了多数人的心声，体现了现代人的真实感受，因此深得人们喜爱。生活水平不断提高，随着经济的发展，生活压力的增大，虽然当今的娱乐项目琳琅满目，但快乐却并未与日俱增，笑声越来越少，倒是凭空增加了许多烦恼。

佛教传人慧可，曾向达摩祖师诉说自己内心的不安，以便寻求能够使自己心静下来的方法。达摩祖师让他拿心来，慧可找了半天回答说没找到。于是，达摩祖师说："只有拿心来了，才能使你安心，可你竟然没有找到。"

真的，心是烦恼的关键。心在哪里呢？心明确了，才有可得的烦恼。现代人整天患得患失，一心追逐名利，自然会有烦恼，心中充满欲望，为追求名利而苦恼，这种内心追求的不停止，就会有无尽的苦恼。正如高尔基所说："就人来讲，最大的痛苦莫过于心灵的沉默。"

其实很多时候，都是世上本无事，庸人自扰之。烦恼都是自找的，因此，

如果要想从烦恼的牢笼中解脱，必须要放下心中的一切杂念，首先做到"心无一物"。正如萧伯纳的那句话："痛苦的秘诀在于有闲工夫担心自己是否幸福。"

《如果生活欺骗了你》是著名诗人普希金的名著，其中有这样一段话："一切都是短暂的，一切都会化为乌有，那过去的将变为可爱。"失去的就会变成一种美丽，只要能放下心中的不快，烦恼就会离我们而去。

不堕落，胜不骄，不抱怨，不叹息，败不馁，这就是顺其自然是最好的活法，只管走属于自己的路，只管奋力前行就好。只要自己努力了，问心无愧便知足了，中国有句俗话叫做"谋事在人，成事在天"，所谓的"成事在天"就是一种顺其自然，不奢望太多，不失望。

顺其自然不是随波逐流，放任自流，而是做自己应该做的事情，而是应该坚持正常的学习和生活。要弄明白自己的人生方向为何，然后需要做的就是踏实地顺着这条路走下去。

有人曾问一个著名的游泳教练："如果在大江大河中遇到旋涡该如何应对？"教练答道："首先不要惊慌，只要沉住气，然后顺着旋涡的自转方向努力游出便可获救。"教练并没有让我们"逆流而动"，也不是让我们"无所作为"，而是顺其自然，按正确的方向去奋斗。在遵守自然规律的前提下积极探索，这便是顺其自然。顺其自然不是宿命论，而是有所为，有所不为。

古人语："天欲祸人，必先以微福骄之；天欲福人，必先以微祸儆之。"人生如同一艘在大海中航行的帆船，难免遇到风风浪浪，这就需要我们学会适应，顺其自然，才能战胜困难。只有现实生活中，学会到什么山唱什么歌，学会顺其自然，才能福来不必喜，祸来不必悲，踏踏实实地走自己脚下的路。

生活不是比谁过得好

> 比较，在生活中在所难免，只是会比者以求进步，不会者则陷入痛苦的泥潭。生活并非在比较中才有，怀有积极的心态面对生活才是正途。

有一项调查表明，在一生之中几乎所有人都会有怀疑自己的时候，而且有 95% 的都市人都有些许的自卑感，产生自己的境况不如别人的判断。好胜心理、攀比心理是这一问题的根源，总拿别人当参照物，总把他人当做超越的对象，总希望过得比别人好……这就是潜藏在我们心中，似乎没有别人便感觉不到自身存在的价值的奇怪心理。生活上要和邻居比，工作上要和同事比，孩子也不能放过，也成了比的牺牲品。这样一来，我们就沉浸在比穿着、比住房、比工资、比资历、比权力……

比别人强者，趾高气扬，夜郎自大，他们往往会得意扬扬地说："我的孩子班里学习第一名，老师都很喜欢。"喜欢攀比的人，总是希望能比出个高低。当自己确实不如他人时，就拉别人后腿，连后腿也拉不住者便要承受自卑心理的煎熬。

如果我们能不如别人时便积极进取，持一种积极的态度去和别人比较，在比较中更上层楼。若能够乐观待人，比别人强时便谦虚谨慎，不是更有修养？

抱着友善的态度和别人比，只有这样才能共同进步。不是比较如何享乐，如何虚荣，而是比进步，比学习，这样一来才能体会到知足常乐的真正含义，才能真正体会到生活的乐趣。齐格勒有句名言："所谓成败，是以自己的能力来衡量，而非以自己和别人的成就相比较得出。"

老王是一家建筑公司的干事，一次在公司评职称时，他因为少评了一级，少长两级工资，便终日喋喋不休、耿耿于怀。朋友劝其想开些，他根本听不进去，有时甚至出口大骂，最后精神都有些异常了，不久得绝症去世了。

类似这样的事情我们屡见不鲜，其实，细想起来，实在不值得。如果自己从中看到了努力的方向，脚踏实地，好好工作；如果我们看到人家事业有成时，也早早自我调节，好好努力，也许下一次涨工资的就是自己了。那样的话结局肯定会不同。就看我们怎么比，常言道："人比人气死人"，其实是否"气死"关键还在于调正自己的心态。

事实上，我们不可能在任何方面都比别人强，正所谓："天外有天，人外有人。"太要强的人，总想胜过别人，总是一味和比自己强的人比较，那只会是损耗精神，心灵的弦绷得太紧了，结果难有大的作为。雨果在《悲惨世界》中说："全人类的充沛精力倘若都集中在一个人的脑中，长此以往并且延续下去，就会是文明的末日。"每一个人都有自己的特长，也都有自己的短处，俗话说："闻道有先后，术业有专攻。"千万不要因看到别人的一点长处就失去心理平衡，人只要在自己从事的专业领域中踏踏实实，不是虚得名声就好。每一个人最好不要与别人比高低，把自己该做的做好是最重要的。我们每个人，能力有大有小，在这个世界上都是"天生我材必有用"的，只要我们能够发挥出来自己独一无二的价值，就各有各的美丽，如手指般各行其所能地协调做事了。

古人云："步步占先者，必有人以挤之；事事争胜者，必有人以挫之。"一

第12章　悲喜平常心

味和别人比是件不聪明的事，好胜心可以催人奋进，但是过度就会有"枪打出头鸟，出头的椽子先烂"的危险。在各方面胜过别人，就容易遭到他人的忌妒和攻击；生活太冒尖的人，恐有"人胜我无害，我胜人非福"的苦恼。

其实，每个人都有自己的生活方式，做好自己的事，不与人比，这是智慧的人选择的处世方式。每个人都有自己存在的价值和理由，实在要比的话，和自己的昨天比，将自己设立为竞争的对象。这样优于和别人比，因为自己不仅能更上一层楼，还能不会沾惹是非恩怨，岂非自求多福？

不要和别人攀比，幸福的形式是多样的，我们每个人都有适合自己的那双鞋，也都有适合自己的生活。穿着不合脚的鞋会别扭，过着本不是自己的生活也会难受。很多时候，我们看到的别人所谓的幸福极可能是一种假象。在这些"幸福"背后，可能是妻离子散，可能是濒临破产，可能是生命受到威胁，可能是……因此，实实在在地过自己的日子吧！不要把自己的幸福定位于他人身上。

不要为昨天埋单

过去的已经过去，时光从来不会逆转。或哀伤遗憾，或留恋沉迷，除了劳心费神、分散精力之外，没有一点益处。这一秒钟的当下也即将成为过去，如果不活在当下，只能在下一秒钟继续为昨天埋单。把握住当下所有的欢乐和幸福，才不会生活在永无止境的遗憾中。

在某个中学里，一位老师看到班上的许多学生都会为已经出来的成绩而感到不安。他们总是在交完考卷后充满了忧虑，或者是在发下试卷后，对自己的分数不满。这位老师看在眼里，记在了心上。

一天，这位老师在实验室里讲课，他把一瓶牛奶放在桌上，沉默不语。

学生们不明就里地看着老师，不知道这瓶牛奶和他们要上的这节课有什么关系，教室里一片安静。

这时候，老师突然站了起来，故意失手把那瓶牛奶打翻在水槽中。学生们都很惊讶，围拢到水槽前议论纷纷，都觉得太可惜了。

等学生们感叹完了，这位老师才说："我希望你们永远记住这个道理，牛奶已经流光了，无论你们怎样后悔和抱怨，都没有办法取回一滴。如果你们可以事先加以预防，想一些保住那瓶牛奶的方法，那还是有意义的。可是现在一切都晚了。你们现在能做的，就是吸取这次的教训，然后便把它忘记，开始注意下一件事。"

"如果我昨天那样做了，那么我就可以成功了；如果再给我一次机会，我一定能得第一；如果能回到昨天去弥补那个过失，后果也许就不会那么严重……"可是，人生没有这么多的"如果"，昨天的事情无论好坏，我们都已无法改变，那么就不要再为昨天停留。

过去的已经过去，历史不能重新开始；为过去哀伤，为过去遗憾，除了劳心费神，分散精力之外，没有一点益处。俗话说"覆水难收"，漫漫人生是不可逆转的，当然也无所谓重新选择的机会。也许生命里曾有过失败和伤痛，但那只是过去的演绎；若沉湎其中，只会耽误了当下的生活。

一个猎人带着儿子去打猎，在林子里活捉了一只小羊。儿子非常高兴，要求饲养这只小山羊。父亲答应了，将猎物交给儿子，要他先带回家去。

儿子挎着枪，牵着羊，沿着小河回家。中途，羊在喝水的时候忽然挣脱绳子，小猎人紧追慢赶，到底没有抓住，到手的猎物就这么飞走了。

小猎人既恼火又伤心，坐在河边一块大石头后哭泣，不知道如何向父亲交待，满腔懊悔之情。

他糊里糊涂等到傍晚，看见父亲沿河边走来了。小猎人站起身，告诉父亲丢羊一事。父亲非常惊讶，问："那你就一直这么坐在大石头后面吗？"

小猎人赶忙为自己辩解："我没能追赶上它。后来也四处找了，还是没有踪影。"

父亲摇摇头，指着河岸泥地上一些凌乱的新鲜脚印："看，那是什么？"

小猎人仔细查看后，惊讶地问父亲："刚刚来过几只鹿吗？"

父亲点点头："是啊！为了那只小山羊，你错过了整整一群鹿啊！"

不为昨天埋单，通俗而言，就是不要和自己的过去较劲。如果一有过错我们就陷入无尽的自责、哀怨、痛悔之中，我们将永远活在昨天，而失去了

前进的动力。对于错误来说，懊悔毫无用处，只能带来更大的痛苦。如果摔倒了，我们唯一该做也是能做的，就是爬起来，拍拍身上的灰尘，重新走上人生的旅途。

很多时候，当我们或是沉醉于过去成功的喜悦中，或是深陷于昨日失败的阴影时，翌日的太阳就已经在对着我们微笑了。也就是说，恰恰是眼下正在经历的，是我们能力范围之内唯一能把握的。抓住能抓到的，便会觉得无论是快乐也好、成功也罢，仿佛就不再那样遥不可及、高不可攀，就会觉得这些我们向往已久的心愿其实都近在咫尺般简单易得。

请记住这样一句话：你虚度的今天，正是昨天死去的人们无限向往的明天。

明天还有明天的烦恼

如果明天注定会有烦恼，那么今天的时光就更加宝贵。但往往许多烦心和忧愁都是自我束缚的绳索，是对自己心力的无端耗费，无异于给自己设置了虚拟的精神陷阱。过好眼下这一刻，也许下一刻的形式甚至会随之改变。所以在人生的储蓄卡上，请记得不要预支烦恼。

明天的烦恼真的能在今天解决吗？让这个故事中的小和尚来告诉我们：

在远离闹市的深山幽林中，坐落着一个很大的寺庙院子，被层层叠叠

第12章 悲喜平常心
——不为外物悲喜，不因琐事乱心

的百年老树所荫蔽着。每逢深秋，寺院的地上便铺满了厚厚的一层落叶。有一个小和尚便是专门负责在每天早晨把这些落叶清扫干净的。

然而，在寒凉的秋冬之际，清晨起床清扫落叶实在是一件苦差事。有时，伴着清扫，一阵寒风吹过，又有些许树叶随风飘落。这样，每天早晨都需要花费很多时间才能把已经落在地上的树叶清扫干净。这让小和尚头痛不已，一直琢磨着能有一个什么好办法，可以让自己稍微轻松些。

小和尚一时愁眉不展，被一个师兄看见了。问清原因后，师兄嘲笑小和尚脑子不开窍，最后不屑地告诉他："明天打扫落叶之前，你先用力摇一摇树，尽可能地把更多的树叶摇下来，这样后天就不用再那么辛苦了！"

小和尚半信半疑，但想到秋寒的早晨那份冷气，不禁打了一个寒战。于是他决定按照师兄的方法试一试。当天夜里，小和尚故意等到很晚还没有就寝。他来到院子里，使劲全身力气把树摇了再摇，心里想着明天清扫时就可以把两天的落叶一次性都给清扫干净了。

第二天早晨，小和尚起床后推开门，不禁呆住了：昨天扫得很干净的院子里，仍然一如往昔地落叶满地——明天，他还是要扫明天的落叶！

这时，寺院的主持方丈走过来，摸摸小和尚的脑袋，意味深长地说："孩子，无论你今天怎样用力，明天的落叶还是会飘落下来啊！"

是啊，生活中的我们又何尝不像这个小和尚一样呢？我们总是企图把人生的烦恼都提前解决掉，以便将来高枕无忧，以为那样就能彻底地摆脱烦恼，过上自由自在的生活。

可殊不知，这个世界上有太多的事情是无法提前预支的。过早地被将来烦扰，除了给自己带来更多无谓的沮丧，让生活变得更加沉重之外，没有一点是对问题有所益处的。所谓"活在当下"，就是指努力过好现在；实际上，一天的担当承担好，便是为下一天的轻松提前做好了准备。

世事忙碌中，人们往往都心神不宁地担心着明天和未来。可是，如果明天注定会有烦恼，今天的所有情绪都是于事无补的。唯有保持坚强的心灵，面对任何困难，都能坦然而从容地去面对、去解决。

何况，明日真的会如我们担心的那样，让人烦恼吗？来听听美国作家布莱克·伍德在他那篇名为《99%的烦恼其实不会发生》的文章中是怎样描述的：

我以前也听人们谈起过，世界上绝大部分的烦恼都不会发生。对此我一直不太相信，直到我再看到自己这张烦恼单时，我才完全信服。它让我明白了一个深刻的道理：为了根本不会发生的情况而饱受煎熬，是一件多么悲惨的事情！

1943年夏天，世界上绝大多数的烦恼几乎在一时间都降临到我的身上，命运显得是那么的有失公正。在此之前，我的生活几乎是一帆风顺，即使遇到一些烦心事，我也能从容不迫地应付。然而，当所有的烦恼聚集在一起向我袭来时，'苦不堪言'几乎成了我生活的全部。无奈之下，我决定把它们都列在纸上：

1.我所办的商业学校，因为正值第二次世界大战期间，男生都入伍打仗去了，而面临着严重的财务危机。很多在兵工厂上班的女孩子挣得工资，也比从我们学校毕业的女生高得多——女生也都不愿意来学校上学了。

2.和天下所有的父母一样，我和妻子无时不刻地在为去前线的大儿子而担心。

3.渴望上大学深造的女儿提前一年高中毕业，可是我这当父亲的却是囊中羞涩。

4.我的住房附近要修建机场，土地和房产基本上属于无偿征收——赔偿费只有市价的十分之一。

5.住在离城区较远的我们受战时限制，不能购买新轮胎，因而总是为自己的那辆老爷车是否会在荒郊野外抛锚而提心吊胆。

还有太多的让我烦恼的事都没有写在纸上。但至少，这种方式让我感到自己轻松了一些。随即就把这纸条放在了一边。将近半年过去了，我早已忘记自己曾经写过什么无聊的话。

又过了很久，我在整理物品时不经意间发现了这张纸条。再次读起来时便感到是那样的滑稽——因为纸条上列出来的，没有一件烦恼变成现实：

1.政府开始拨款训练退役军人，我的学校不久就招满了学生。

2.感谢上帝，大儿子平安无恙地从战场上归来。

3.在女儿大学开学的前六天，有人介绍我去做稽查工作，这让我正好可以在业余的时间兼职，为女儿筹全学费。

4.房子附近又发现了油田，因此那块地不会再被征用了。

5.我对车子小心养护，所以它也很给面子，从来没有抛锚。

后来，布莱克伍德根据自己这段亲身经历，写成了那本书来告诉人们：其实，生活中有99%的预期烦恼都是不会发生的。当我们再被明天的烦恼羁绊时，不妨问问自己：我怎么知道我所担心的事情就真的会发生？

不预支明天的烦恼，才能使我们的生活更加轻松而富有诗意。抱着一颗简单的心，不要对未来有太多过于复杂的"设计"。想象出来的烦恼比实际发生的更多、更可怕。正如冒险家埃尔勒·哈利伯顿所说："怀着忧愁上床，就是背负着包袱睡觉。"甩掉预想出来的包袱，便不会再有那么多繁杂的思绪来充斥着内心，由此，澄净才会开始。

昨天没有，明天也不会有

> 过去是记忆，未来是想象；我们所要寻找的，无论是快乐也好幸福也罢，都不会在已经过去了的昨天，也不会在尚未到来的明天。淡泊于沉往，明志于未来，而最简单的方法就是把握住已经拥有的今天。如此，不追悔，不虚妄，才会安然享受现在。

第二次世界大战著名将军艾森豪威尔踏实、务实的作风一直被广为传颂，而这来源于他年轻时一次玩纸牌的经历。

一天晚饭后，艾森豪威尔兴致勃勃地坐下来，和家人一起打扑克。没想到的是，他的运气却背得出奇，几乎没有一把抓到过好牌，结果自然是每局都输得很惨。艾森豪威尔的脸开始沉了下来，不高兴地小声嘟囔着。

这时，坐在一旁的妈妈停了下来，也收敛了笑容，严肃地对他说："如果你想要有个好的结果，就必须利用你手中现有的牌打好每一局！"

艾森豪威尔一愣，抬起头望着母亲。刚想张嘴辩驳两句，母亲紧接着又说："人生也是如此，追求成功的人只会竭尽全力把握住此刻，才有可能赢得最后的结果。"

事后，艾森豪威尔把那天的经过记在了日记中，并深深地刻在了脑子里。直到很多年过去了，艾森豪威尔还一直牢记着母亲的这句话，从未再对生活有过任何抱怨。

他从一个默默无闻的平民家庭走出，尽己所能地做好每一件事，以积极乐观的态度去迎接命运的每一次挑战。一步一步地，从一名士兵成长为中校、盟军统帅,最终成为美国历史上第34任总统。

生活是由许多个"今天"组成的,要想把握住生活,首先就要把握好现在的每一天,每一个现在。今天终究会变为昨天,明天最终会成为今天。幸福感是强是弱,就看我们是否能把握住"现在"。

有些人只会把无限的希望寄托于明天,苦心积虑地策划出很多计划,然后,往往就被自己设计出来的复杂路数而牵绊住了脚步,失去了迈开步子的勇气;他们充其量是一个空想者,最终势必一事无成。还有一些人,总是活在过去的回忆中,或者如歌中所唱"怀念伤害我们的",或者沉迷于往昔的辉煌;孰不知,这样的人在唉声叹气中就把一个又一个的今天也叹成了"回忆",终究仿佛不曾真实的生活过一样。就像这个故事中的主人公一样:

年轻时,他雄心壮志、激昂江山,总是习惯说"等到我……的时候",一副对未来充满无限憧憬的样子。

就这样一直说过了而立之年,一眨眼也知了天命,一直说到了老年。他仍旧经常对别人说起,只是换了一种句式:"想当初,我……的时候",对过去无限的怀恋溢于言表。

的确,也许我们都把太多的时间和精力投入到两个虚妄的世界里,惶惶碌碌终其一生。实际上,无论是未来将会怎样,还是过去曾经怎样,结果都是一样的——我们因为没有关注当下而错失了最真实的现在。不珍惜当下,只会错失唯一拥有的,只会把每一个经历着的今天都变成留有遗憾的昨天。

同时,世界的变化如此之快,一不留神又是一片新的天地,我们等不来和想象中一样的未来。而对生活充满幻想只会造就一个极端的自我:终日为过去和将来忧心忡忡,超负荷地提升自己,患得患失……结果——身心俱疲,也丧失了当下的各种乐趣。

其实，对待生命最虔诚的态度，莫过于实实在在地过好每一天。只有那些懂得如何利用"今天"的人，才会在"今天"创造幸福的奠基石，孕育明天的希望。只有抓住现在，才能有辉煌和灿烂的未来。一个连今天都放弃的人，又哪有能力和资格去说"还有明天"呢？

享有我们现在所有的安乐和幸福，不要梦想着明年不可期的富贵生活；享受我们今天简洁舒适的衣服，不要妄想明年不可期的锦华狐裘。踏踏实实地过好每一刻，比不切实际的计划和妄想更简单，也更能让内心得到喜乐。

是的，昨天无论是灰暗还是阳光，也都不可能再回来了，而明天则根本还未来临。昨天与明天并不存在，它们只是"曾经存在"或"可能存在"的状态，唯一存在的是今天。把握住今天，才是最安稳最愉快，也是最简单的方法。

安然看待得与失

人生就是一个不断得而复失的过程，就其最终结果而言，失去比得到更为本质。随着整个生命的离去，我们所拥有的一切都将失去。世事无常，没有任何一样东西能够被真正占有。既如此，又何必患得患失？我们应该做，也是所能做到的，便是在得到时珍惜，失去时放手；安然于两者之间，心平而气和。

我们总认为得到本就理所当然，失去反而成了非常态。所以，每每失去，就不免感伤和追忆。其实，每个人心中都是明白的，在漫漫人生长河中，得失相伴随时。人生苦短的叹息，花开花落的无奈，即使诗画中也是风雨和阳光同在。这才是大自然的规律，也是普通人的平凡生活。

然而，平凡中自有升华。每一次的觉悟和放弃，都是一次灵魂的洗礼。伤感过后，仍是要回到现实生活中，日子并不会因为个人而改变。就在这叠进式的理解中，便会懂得超脱地望向未来。眼神里的凄楚，也因深刻而愈加美丽。

东晋大诗人陶渊明向来被世人奉为安贫乐道，高洁傲岸的精神典型，一段《五柳先生传》便足以为证：

"环堵萧然，不蔽风日；短褐穿结，箪瓢屡空，晏如也。常著文章自娱，颇示己志。忘怀得失，以此自终。"

想当初，那不为五斗米折腰的陶潜，也曾有过报效天下之至，十三年的仕宦生活是他为实现"大济苍生"的理想抱负而不断尝试、不断失望、终至绝望的十三年。然而终究，赋《归去来兮辞》，挂印辞官，彻底与上层统治阶级决裂，毅然不与世俗同流合污。对于所谓的世事得失，怎一个潇洒了得。

回归故里后，陶渊明一直过着"夫耕于前，妻锄于后"的田园生活。初时，生活尚可，"方宅十余亩，草屋八九间""采菊东篱下，悠然见南山"，虽简朴，却乐在其中。

后住地失火，举家迁移，生活便逐渐困难起来。如逢丰收，还可以"欢会酌春酒，摘我园中蔬"。如遇灾年，则"夏日抱长饥，寒夜列被眠"。然而，其安然于得失的本色，丝毫不改，稳于心中。

陶渊明的晚年生活愈加贫困，却始终保持着固穷守节的志趣，老而益坚。元嘉四年（427年）九月中旬，神志尚清时，他为自己写下了《挽歌诗》三首。在第三首诗中末两句说："死去何所道，托体同山阿"，如此平淡自然的生死观，情也飘逸，意也洒脱。

或许，对于陶先生的境界，我们一时无法企及，但至少能做到的，便是饱有一颗淡泊明志、从简修行的心。平静面对得失，执著于自身超脱；固然

炎凉冷暖，又何碍于以冷眼旁观，泰然自若。

得到的并不一定是最好的，也并非是让我们刻骨铭心的——但这却是属于我们能够拥有的。得不到的就不要执迷于此，失去也未必不是一种简单和轻松。清风两袖间，更显得飘逸和潇洒。

平日里，我们好像只关心自己已经失去的，一味地沉浸于喋喋不休的埋怨与追悔中，无形中留下了许多伤感与怨恨。其实，快乐与否，只是我们内心看待得失的角度，就像这位老者：

老人家久居山野村落，每天早晨都往返于水井与家之间，只挑两担水。

日子久了，水桶就有点漏，滴滴答答，一路上长长一行。路人提醒他说："您换个水桶吧！"老人家笑笑不语，依旧挑着旧水桶来，挑着旧水桶去。

后来，仍不断有好心人提醒，老人除了感谢之外，依然没有任何改变。邻居终于不解地问道："您那么辛苦地挑了一担水，可水桶是漏的，等走到家时恐怕早已漏掉了小半桶。这么白费力气，何不换一个好桶呢？"

老人坦然一笑，说："没有白费力气啊。你回头看一看，这一路走来，我桶里漏的水不是都浇了路边的花草了吗？你看它们长得多好啊！"

对于得与失，老人早已释然并通解，所以有了如此安然而平和的心态。失去其实并不可怕，可怕的是我们不能够正视现实。往往，当我们对失去感到遗憾的同时，可能就在不经意间得到了另一种收获。既然已经失去了，又何必耿耿于怀，纠缠于内心？放弃不必要的冥想，珍惜眼前的平凡，自娱自乐，心安理得，没有刻意的追求，便不会有失去的伤感和沉重。

月亮的残缺并没有影响到它的皎洁，人生的遗憾也不该遮掩住她的美丽。不要再让担忧与焦虑消耗我们的精力，心态的调整只是一念之间的意识。安然于得失，简明的心性，胸襟便自然豁达于明媚之中。

真爱平常心

——没那么复杂，只需用心对待

简简单单，在什么方面都是如此，特别是感情方面。爱需要清纯、干净、简单，需要心心相印，而非物质堆积。将原本简单的事情复杂化了，只能是适得其反。用心来对待彼此，这才是真爱。这才是我们应当守护和珍惜的爱。平平淡淡才是真，爱更是如此。

不要为你的爱设置太高的门槛

爱人不是用来挑的，不要首先看学历、家产、背景，等等，因为，爱人是用来爱的，我们更应当考虑是不是喜欢，不要眼睛都不往下面看，也不要把自己的门槛设置得特别高。否则，就是碰运气了，运气好，真碰上一个满意的；运气不好的，寻寻觅觅，只好孤独终身了。其实，你找的是爱人，不是靠山，所以越简单越好。

选择一个身价亿万的富翁，还是一个身价平平却会终身对你好的人？选择什么样的男友，是物质要求多，还是精神要求多？是选择一个长相英俊帅气的，还是相貌一般但有真诚之心的人？

家庭背景雄厚，收入很高，有车有房，再加上长相英俊，还要一心一意对你好的人。如果是这样的标准，恐怕男性真是要成为珍惜动物了。

话说回来，改变自己的想法吧，不要完全理想化地去寻找现实中极难遇到的情况。把标准设得实际一点，日子还长，门槛低一点，人生的奋斗才开始不久，用发展的眼光看问题，要向前看。

如今的年轻女孩子，把自己当小公主，什么都要求男朋友去做，看看下边这些择友标准，可能对她有意思的男孩子都会"知难而退"吧。

1.男生要会做家务，要烧得一手好菜，因为我不会做。

2.男生要身材匀称，不胖不瘦，身高175厘米以上。

3.男生所学专业是理工科的。

4.男生脾气要好，要能够宽容我的无理取闹。

5.男生最好有房子有车子，这样生活会舒服。

6.平时挺喜欢到处逛逛的，因此和我一起的男生也要喜欢旅游。

7.男生要有主见，要有主意。

8.男生要有爱心，比如喜欢小动物。

9.应该大气些，不要小家子气，不要斤斤计较，比如我最喜欢去超市买吃的，一买就是一大包，别为了这个而吵架。

10.看见长辈得主动和人家打招呼，有礼貌，喜欢嘴甜的男生。

11.抽烟的坚决不要，应酬时喝酒可以，灌酒的功夫超好的，自己不能醉，不过平时要少喝。

12.沉迷于游戏的男生不要。

13.不要心胸狭窄，不要吃"干醋"。

14.当我受到欺负时，要能够保护我。

15.希望找到你、见到你时，要能够随叫随到。

16.不要姓一些奇怪的姓氏，那样的男生也被否定。

17.不要和我唱反调，我说东你别说西。

18.没事时能逗逗我，要有幽默感。

19.不要有赌博等恶习。

以上这些标准确实门目众多，其实一个男孩子只要有"骨气、大气、志气"3个要素即可。

骨气，有自己的原则，有自己的看法，就是要"富贵不能淫，威武不能屈"，不能扭曲公理正义，不能为名为利，委屈妥协。就像是孔夫子所说的

"造次必于是，颠沛必于是"。

大气，大气的男人，才能托付终身。男生应当气量宽宏、心胸宽大，如果是与心胸狭隘的人相处一辈子，必定是痛苦。

青云有路走为梯，深信明天会更好，要对未来有想象，对自己有期待。男生的志向关系着一家人的未来和希望，因此男生必须要有志气。

在现在的社会中，或许这三项指标也是比较难达到的，所以，就算现在做不到，但只要有心，自己向这方面努力就好，就是值得女孩子托付终身的对象。

每个人都有很多闪光点，看看他是否有上进心，有理想，有朝气，有魄力；看看他是否有相对稳定的职业，这样你们的生活才有保障；看看他是否懂得宽容，有宽容之心才是好男人；看看他是否感情很专一，并非三心二意；看看他是否尊敬师长、孝敬父母；看看他是否有责任感，敢于对家庭有所承担。

如果这些他都具备，或是基本具备那就是可以相伴终身的伴侣了。因此，不要想得太多，不要将要求定得太高。

爱情需要用心耕耘，放爱在心上

全心全意地耕耘，在情感和心灵的领域，我们更应该学会全心付出，这样才能收获更多。人们能够尽心尽力地去耕耘，不对回报和收获耿耿于怀，就能够享受耕耘的过程和乐趣，并且收获丰厚的回报和收获。世界上每一个人都需要爱，要从"心"去爱身边那个最重要的人。我们都需要温情、帮助，也只有真心付出才能有永恒情义。

在情感和心灵的领域，人生既是交易又不是交易，不能用交易的原则来进行，应当只问耕耘不问收获，勤勤恳恳地尽心尽力，否则就有可能处处碰壁。因为你不是为了交易而付出，因此不会有得不到的痛苦，不会有收获不了的烦恼。有这样一个故事：

一个男孩与一个女孩在餐厅用餐，男孩说："如果只有一碗粥，我将把一半的粥给我的母亲，另一半给你。"这句话打动了小女孩，那年她10岁，男孩儿12岁。

岁月流逝，一晃过去了10年，一年夏天，大雨一连下了7天，河水大涨，村子里发洪水，小伙子奋不顾身地去救老人、小孩，不停地救人，唯独没有亲自去救她。事后，有朋友问小伙子："你那么爱她，怎么不先救她？"小伙子回答道："正因为爱，我先去救别人，如果她死了，我也不会苟活于世。"那一年，他22岁，她20岁，他们结婚了。

又过了20年，家乡遇到了自然灾害。家里最后只剩下一点点面了，女孩儿就做了一碗汤面，男孩儿舍不得吃，女孩儿也舍不得吃，结果3天后，那碗汤面发霉了。

当时，他42岁，她40岁！

于是，在苦难的岁月里夫妻二人接受了相同的命运！她陪着他挨批、挂牌游行，那一年，他52岁，她50岁！

多年之后，老两口为了锻炼身体，每天早上乘公共汽车去市中心的公园。每当年轻人为他们其中一位让座时，他俩都不愿坐下而让对方站着。

那一年，他72岁，她70岁。

她说：如果我们都死了，我愿意变成他，他一定也愿意变成我，那时我也会给他留半碗粥！

这就是爱情，几十年的风尘岁月。

人们在打拼自己，每日沉浸在社会的物欲横流、拥挤浮躁之中，因此会忽略了很多值得珍视的东西。东西不在乎于价格的多少，有时一个面包或许就能是无价之物，因为它代表了一份纯真的爱情。但如果你选择了物质，不愿全心、真心付出，只想收获，那就会使爱情变为一种交易，而非相互之爱，因为爱一个人是需要心的，要一点一滴全心全意。

人生充满了悖论和矛盾，越是不断索取的人，就越是充满了人生的苦涩，因为他自身就是一个永远无法填满的无底深渊，那只会是越来越贫穷；越是只想索取不想付出的人，即使富有也是像个乞丐；越是不断付出的人，越是充满了人生的精彩和快乐，这样自己也就成为一个永不枯竭的源泉，因为给予是会使人有满足感和富足感的。越是只想付出不求回报的人，即使他的生活贫穷，也会活得像富翁。

第13章　真爱平常心

生活本来就是如此，有耕耘才有收获，有付出才有回报，如果不知输出，何来得吸取。于是，在生活中，我们往往会有这样的思维定式：为了回报而付出，为了收获而耕耘。其实也无可厚非，乃人之常情，大多数人都是为了收获才去耕耘的。如果人人都是在做交易和买卖，社会似乎就是一个巨大的交易市场。为了得到爱才去爱，为了鲜花和掌声才去歌唱，为了得到报酬才去工作，为了得到利益和好处才去信仰，为了得到金牌才去竞技……然而，在这样一种思维模式中进行，其生活可想而知是极不快乐和幸福的。因为如果这样就会处处斤斤计较，何不如尽心尽力地去耕耘，何不如全然地享受耕耘的过程呢？就像是爱一个人时，如果我们能全然地付出，如果我们能全心全意去爱，也会收获更多，收获属于自己的幸福和爱。曾国藩说过一句著名的话"但问耕耘，不问收获"。耕耘的多少和收获的多少成正比，秋天的收获只有依靠从春天开始的耕耘才能完成，秋天的收获必然是我们的目标。因此，当目标已定，人们在耕耘的过程中体会走向收获的快乐，埋头苦干积极耕耘会是我们生命的全部内容。在春风吹拂的田地里，老农们倾听禾苗成长的声音，其快乐远大于对秋天收获的遐想。

在勤勤恳恳的耕耘之中，就孕育着丰收，而这收获来自两个方面：其一为内在收获，其二为外在收获。因为自己的付出，会给心灵带来舒畅和愉悦；因为自己的收获，会给他人和外部世界带去美好赢得反馈。为了收获而去耕耘的人，其收获往往是有限的，越是不求回报，越是得到回报。

爱，有许多种，陌路人的爱是没有血缘性的，比血缘感情更深刻的东西，就是博爱。博爱会用无形的凝聚力，将人类团结在一起。

有两位退休的教授，据说结婚30多年从来没有红过脸，属于典型的模范夫妻。晚餐过后，他们会相互搀扶着在黄昏的校园里散步，无论什么场合，他们都会以"您"互称，过小溪流时，老先生都要去牵着妻子的手，而妻子也会很客气地说："又麻烦您了。"

周围的人都质疑这种客套能算是爱吗？然而，老教授安详地说："我们可是从来没有说过什么爱之类的话，倒是过得自在。"

后来，老教授先辞世，人们开始以为他妻子会难以承受生活的重创，谁知她一直都表现得非常平稳镇定，最后告别的时候，她将丈夫的手放在了自己脸上说："我爱你，我一直想对你说……你永远都会在我心上。"她开始第一次失声痛哭。

把"您"字上下拆开来的正确解释，就是"你永远都会在我心上"。这对相亲相爱、相敬如宾的花甲夫妻的故事，向我们深刻地诠释了"您"的含义。其实，爱就是一种尊重，就是要把爱放在心上，才会是永久。

爱情这盏灯要经常添油才能不灭

> 我们的爱情，会给我们带来温暖，也会给我们带来光明，它就像一盏油灯，但如果你没有新的灯油加进去，那就只能等着油尽灯灭了。

日子像水一样不断地稀释我们的爱情，牵手、拥抱、互相依赖、互相照顾，都成了习惯，不管曾经多么甜美，日子久了就会缺少当初的柔情蜜意。这很正常，爱情本来到最后都会转变为亲情，就像是自己的左手牵右手。平淡是生活的本真。

第13章 真爱平常心
——没那么复杂，只需用心对待

32岁的李茂是销售公司的副总，人也长得风流倜傥，出身名校，他是农家子弟，却在任何场合都会是闪亮的人物。他的女友是大型女性周刊的娱乐版主编。原本是校友的他们一直恩爱有加，令身边的人羡慕不已。

正当一片大好，父母、朋友都期望着他们早日成婚的时候，他们却出现了感情危机。旁人觉得估计是有第三者了。其实，根本没有什么第三者。李茂对于爱情都是抱着"从一而终"的心态，只要选择一个合适的人就够了，至于关系是要靠经营的，在爱情上一直是极理智的。

但是，在李茂的心里总有那么一个黑洞无法填满，感觉是靠着以往的回忆来支撑这份爱情。可是，旧的回忆越来越遥远、缥缈，现实生活又是整日的忙碌和寂寞的拥抱，就这样他越来越感到恐慌。

总是一起走了很久，不再有相见的激情，冲动的想法，猛然的惊醒会使我们不再有等待的焦虑，不再有热情的拥抱，不再有……有的只是抱怨：整天就说忙忙忙，两个人关系确定了就完事了；过日子罢了，都老夫老妻了，还能有什么激情；踏进婚姻的殿堂时，就是在走进爱情的坟墓。在那些油米酱醋的面前，会有什么浪漫？希望一纸婚约给其保障，而在得到后往往又会猛然觉得爱情也不在了。于是很多人开始觉得爱情在这里已经转为了亲情。然而亲人是存在着血缘关系的，这种说法岂不是自欺欺人，爱情怎么会转为亲情呢？而且，在生活中，我们也会看到夫妻之间的亲情并不是那么牢固。爱情怎能随便？人生怎能应付？

洛杉矶家庭关系学社社长保罗·波皮诺说："一位能干的、会办事的人，在大部分的男人眼中并不是适合做自己太太的人。找一位可人的而又能够满足他们的虚荣心的，往往是那些并不出色者，以此来显示出男士的优秀。"她的确是一位气质高雅的独立女性，但你只能把她作为请客吃饭的朋友，而并非终身的伴侣。

在灯光微弱下去，当爱情尚未熄灭时，不要因为自己的疏忽，忘记给爱情之灯添油。一顿亲手做的精致的晚餐，一次两个人的旅游，一句温柔的体贴话，一件出其不意的小礼物，这些实实在在的行动都会是我们让爱重新燃烧起来的灯油。虽然是不加太多装饰的小事，却会因为这种没有负担而让爱持续点燃着。其实，真爱不需要任何的人工添加，总是在不经意间流露出来，它是那么的自然。如慢慢地流淌的涓涓细水，从不同方面汇合，结果发现变得异常之大，甚至使你感到惊心动魄，特别是最后流入大海的那一刻。在你的身边充满着爱，生活中也到处充满着美，只是看你是否善于发现，只是看你是否能够停下来歇一歇，看看你身边存在的爱情。

很多时候，用不同的眼光去看问题，当你站在她（他）的角度和立场去思考一些事情的时候，结果总是不一样的。因为你有了更多的体谅，你有了更多的耐心，你就会豁然开朗。即使在最冷的雨夜，你也会为心意这盏最好的灯油所温暖；即使在最深的黑暗中，你也会为不熄的爱情之火，感受到光明与温馨。然而，在现实生活中，我们往往会在遇到事情的时候，什么都顾不得了，虽然平时心想要去那样做的，在此时此刻将心思也都抛到九霄云外了。

在平时的生活中给自己订一些计划，时不时地将这些计划翻出来看看，每天都将自己的一点点心意在计划中实施。只有勇敢地走出第一步，并且不要为自己找出任何的借口、托词，提醒自己执行计划，就会使自己的爱情更加持久、灿烂。

真爱中的舍与智慧

舍得是客观存在的，有舍才有得，这在感情中也是适用的。然而，过多爱的保护会让爱变得愈加沉重，让被爱者感到窒息，因此，放手给以自由，让爱人自己去飞翔。无论是父母的爱，老师的爱，还是恋人的爱，都应当如此，否则就会无法承受。这就是爱中的舍与得。

幸福是来自各方面的感受，懂得真爱，是一种最典型的幸福。然而，爱情也不会是永恒的天平，想在爱情里得到幸福，想得到真爱的幸福，首先就要舍得，舍得金钱，舍得精力，更要舍得心。小气吝啬的人不仅在物质中难以有收获，在情感方面也很难丰收自己的幸福。

女孩有男友，但男孩却暗恋女孩很久了。女孩一和男友吵架就跑来找男孩诉说委屈，男孩每次都十分耐心安慰、小心呵护，却从没表达自己对她的感情，只是尽心关心女孩。终于有一天，她和男友分手了。男孩当然是她的避风港，加之多年的关心感动了女孩接受了男孩。于是，男孩使出浑身解数使女孩快乐，享受着自己的幸福。然而，在以后的两人相处的日子里，女孩并未感受到恋人般的情感，结果还是让两个人都痛苦。

拥有真爱是幸福的，让人心情舒畅，陶醉其中。然而，握在手里的爱，并不一定幸福；并不一定是真正拥有；并不一定是你铭刻在心的。在真爱面

前，你所认为拥有的时候，或许正在失去；你所自觉放弃的时候，或许又在重新获得。但是，真爱的人舍得牺牲，当你发现所拥有的并不是真爱时，请放弃。懂得真爱的人舍得用心感受那一份真实的爱；懂得真爱的人，总会发现在舍得中也不乏浪漫。幸福的人懂得超脱紧抓住不放并非智举，铺满了爱的花蕾，相信总有一朵属于你。

很多时候，我们赞美爱情里的专情，然而，专情之中也有舍得之意。如果是专一在一个错误的人和错误的爱情上，就只能是感觉爱情里的不快乐和不幸福。见和相恋本身就是个时差的错误，那就不要将这个错误坚持下去，要懂得舍弃，将自己的心房清空，否则，你不放弃错的，又怎么能跟对的相逢？

人人都有可能遇到不幸，当你能掌握自己的幸福，就不会在一段没有结果的感情上纠缠和互相伤害。

爱情就是如此微妙，珍视自己所拥有的那一份特质，不要追求不属于自己的，缘分自有天定。生活中，很多人都陷在鸡肋般的爱情里，想放手又舍不得，抱住不适合自己的人不肯放弃，更有甚者，为了这而赔上了自己那年轻而又灿烂的生命。其实，幸福就是你自己的选择，请翻转命运给你的那枚硬币，要记住，幸福总在你的手里。勇于放弃错的，在舍得之间获得自己的幸福、快乐。

父母对孩子的爱倾其所有，父爱是山，母爱是海，为了望子成龙、望女成凤，往往是自己省吃俭用，为子女买名牌，交钱上补习班，希望自己的孩子能够有一个好一点儿的未来。子女需要父母来抚养、来呵护，当时过犹不及，沉重的爱有时也是一种负担啊！小皇帝小公主们，总是衣来伸手、饭来张口，这样教育的结果只会造就更多的懦夫和弱智。

师长的爱无悔无求，为了让学生考上重点中学，老师会购买越来越多的课外资料;为了使学生成才,老师会实施监督学生。然而,烈日会烤焦花瓣,在知识的海洋中,学生像群小龟,涉世未深,如果爱他们就请放手,人生成长需要在挫折中磨砺!

当我们明白彼此之间只是有缘做朋友而无分品尝爱情时,或是她(他)已经移情别恋时,一相情愿其实很无味,最明智的选择就是放手,给彼此空间、时间。既然与自己在一起是一种痛苦,让彼此在一个寂寞的环境里重新审视爱情,冷静地思考彼此趣味是否相投,是一时的冲动,还是……总之,爱情不是强求的,应当两情相悦。

生活在这个世界上,无论你是享受快乐,还是沉浸在痛苦之中,应该留心你身边的亲人和朋友,应当给对方空间,懂得适时放手。父母放手,是给孩子成为翱翔蓝天苍鹰的机会;朋友放开手,是为使彼此都明智起来;近亲放开手,是要给你一片属于自己的新天地。让温暖的阳光洗去你的忧思愁情,打开心灵的窗户,让清新的空气进来,走进爱的博物馆。如果你留心的话,博物馆内陈设着父母、亲人、朋友3类情感。它们是爱的象征,在深深地体悟后,就会发现有一种爱叫做放手。

生活平常心

——谢绝轰轰烈烈，人生至味是平淡

生活就是宁静的大海，平静是其本质，暂时的波涛汹涌并不会长久。因此，不要太多地追求什么轰轰烈烈，还是学会在平淡的生活中感受、享受生活吧。而要做到这点，就要以一颗平常心来面对生活。用平常心品味生活之五味杂陈，收获自己的幸福生活。

你决定心态，心态决定你的人生

　　　　心态是我们真正的主人，改变人生要从改变心态开始。事业和成就在很多时候是由心态决定的，只要心态是正确的，就会用正确的眼光看世界，就会发现世界也因此而转变，世界也会变得光明。

　　心理学家维克多·弗兰克尔说："即使在最艰难的环境里，人还是能够选择自己的心态，因为已然拥有自由。"面对复杂的人际关系，面对竞争激烈的社会，面对突如其来的冲击，我们或许会无奈，但是能够调整的，掌握在自己手中的是我们的心态。

　　一书中提出了一个著名的观点：快乐和痛苦是完全可以相互转换的。这是哲学家斯宾诺莎在《情绪的界说》种提出的观点。这是在告诉我们，不拘泥于成规，唯有心态消极、空虚、悲观者，才会被过去的失败和忧虑所支配，最终成为一位失败者。而积极的心态，虽然不能保证事事成功，却可以改善你做事的方式，改善你的人生。

　　正的、积极的心态可使人快乐，进取，有朝气，有精神；负的、消极的心态使人沮丧，难过，没有主动性。人的心态如同一枚硬币的两面，正面是光明、愉快、希望、幸福……背面是不幸、黑暗、忧愁、绝望……选择哪一面只由自己决定。

第14章　生活平常心

有心理学家指出，人们往往会在认为自己处于某种状态时，而表现出为某种状态。因此，真正决定事物结果的根源，常常并非该事物，而是我们自己对事物的评价、信念与解释。所以，一个人的性格很难改变，但我们可以改变自己的态度。

雨后，由于墙壁潮湿，一只蜘蛛十分艰难地朝着支离破碎的网爬去，但总是会滑落、掉下，又一次次地向上爬……

第一个人看了这只辛苦的蜘蛛，自言自语道："人生也不过是如这只蜘蛛，忙碌而无所作为。"想着这些，他自己也日渐消沉。

第二个人看了这只辛苦的蜘蛛，自言自语道："这只蜘蛛真愚蠢，怎么不会绕一下爬上去？我不会像它那样！"于是，他变得聪明起来。

第三个人看了这只辛苦的蜘蛛，自言自语道："蜘蛛真顽强，我要向它学习！"从此，自己变得坚强起来。

怀着不同的心态，我们在看待同一件事物时，会有不同的角度。成功者，总是能发掘成功的力量；犹豫者，总是会想着"恐怕"、"未必"……由此看来，对自己心态的合理调整是多么的重要。

积极的心态会带给你积极的人生。只要你心态良好，你的人生就会成功，就会越觉得，只要自己努力就一定能成功。当一个人懂得如何做人的时候，就会发现除了自己，没有人能打败你。一个人拥有什么样的命运，全在于自己做出什么样的选择。不要轻易否定自己，不要轻易认为无法完成，但须尽心尽力地努力，相信自己能行。

低调处世，简单生活

> 一杯清茶，或一杯咖啡；一盘菜肴，一碗米饭，生活就是这么简单而充满着幸福。只要你自身心态轻松、自然，就能够感受到生活的惬意与温馨。无论你身居何位，放低自己，简单些，心情便会格外地轻松自在。

现代人每天紧张、高速的节奏，使得自己的神经总处于高度紧张的状态。很多人为了梦想而奋斗得身心俱疲，难得有放松的时光；很多人为了目标的遥远而自责，难有愉悦的心情。如果我们能够抱着"低调处世，简单生活"的态度，或许就能感受到生活带给我们的乐趣与快乐。

低调，是在告诉我们不忘乎所以、盛气凌人，不卖弄显摆、大肆张扬，无论你在哪个领域取得什么样的巨大成就。始终保持平静、淡然的心情，是十分必要的，也是应当一如往常的状态。优秀的写手不屑于炒作，只愿用自己的笔抒发真情实感；成功的企业家，不愿成为媒体的焦点，更愿脚踏实地、不事张扬地实施新计划；科研工作者，不愿到处吹嘘，一心只为科研项目，一如既往地在实验室里忘我地工作着。

简单，捧一本自己喜欢的杂志、小说，浏览当天的报纸，静静地欣赏你喜爱的音乐，享受大自然带给你的美丽、芬芳，参加朋友们的一次聚会……这就是幸福。在流荡的旋律中回忆些什么，忘却都市的喧嚣吸一口新鲜的空气，在觥筹交错之间你享受与回味真挚的友情。幸福其实也很简单，全在于自己的感受。

平息外部无休无止的喧嚣，平平淡淡才是真！简单才能回归内在自我，才能使生活简单，才能保持纯净的心情，幸福地生活。

平淡的生活才更真实，平淡的生活才更恬淡，平淡的生活才更踏实，平淡的生活需要一颗平常心。凭借自己的理性，面对任何事情可以安心地去看待，拥有平淡就有从容，就会宁静、坦然、超脱和大度。

人的一生大部分时间是为平淡所占据，平淡的生活能提高自身的修养、质量。平淡的生活才真正懂得舒张的人生。平淡是清雅、是原汁原味、是飘逸、是幽远而自然的路。

殊不知，功名利禄会给人带来富足，但也别忘了它会给人带来痛苦。我们计划、忙碌、奔波，往往就是为了功名利禄；我们怀疑、欺诈、争斗、溜须拍马、算计、诡计，往往也与功名利禄相关；我们劳心、劳神、劳力，往往也是在为功名利禄而忙碌。然而，当你只有金钱、名誉和地位，或许会恍然大悟：自己这辈子都忙了些什么，为什么而生存、而活？因为我们没有时间去认识自己，因为我们没有时间去修心开智，因为我们没有时间去关爱他人，因为……太多的因为使我们变得很可怜，太多的因为使我们变得无法领略唯有生活才是真正的主体。人不能没有财富，因为要满足物质需求，但为物质所奴役，则只能是失去自我。回归平淡才是真，简单生活才是好。

生活八分哲学——适可而止，顺其自然

> 刻意地追求十全十美的事情，只能让自己惆怅，让事情失去其美。因为世间本无完美之事，所以，知足常乐、适可而止。人处世的智慧和哲学之一，就是顺其自然。

从哲学意义上讲，人生是充满缺陷的旅程。在思维、生存环境、生活水准等众多因素的影响下，人类需要不断地追求、创造，以求达到趋于完美的目的。永不知足的人，永远不知道停滞，他们在追求的动力下，会不断地索取，会贪求厚利，贪婪是一切罪恶之源，贪婪的人实际是在愚弄自己。贪婪令人丧失理智，令人忘却一切，包括自己的人性、人格。甚至在贪婪下，人们会做出愚昧不堪的行为。所以，我们需要适可而止，我们需要远离贪婪，才能够在知足中品味快乐。

当我们得到了我们想要的某种东西，就要懂得珍惜，就不要再奢望更多，如果陷入了欲望的泥潭，恐怕会因得到而失去更多。两千多年前的老子清醒地告诫人们"见素抱朴，少私寡欲"，不要因争名逐利而丧身，贪欲自私是人类的弱点。老子正是在告诫世人千万要克制自己的欲望，知足知止。要顺应自然，要时刻保持清醒的头脑，进行明智的选择，要"知足不辱，知止不殆"。否则，过分地爱惜会导致极大的耗费，正所谓"甚爱必大费，多藏必厚亡"，要懂得物极必反，过多地敛取必定导致重大的损失。在名与利、得与失上，更是如此。

有一个小孩，当他人同时给他 5 角和 1 元的硬币时，他总是选择 5 角，大家都认为这孩子很傻。有人便问那个孩子："为什么不选择 1 元的硬币？是分辨不出硬币的币值吗？"孩子小声说："如果我选择了 1 元钱，我就会失去下次玩儿这个游戏的机会了。"

在现实生活中，或许我们可以学学那"傻小孩"，当你贪念小时，或许能因此收获更多。人在社会上，如果总是觉得不拿白不拿，不吃白不吃，适可而止与遗憾是对等的。如果超越自己的承载能力，或许会因这种所谓的"遗憾"而将自己引入绝路。

攀登珠峰是很多人的梦想，曾有一个人因为自己体力严重不支，在享受了登顶一刹那的快乐后，离开了人世。

另有一位无氧登山运动员，在到了 6400 米高度的珠峰时，渐感体力不支，便停了下来，最终决定悠然下山。有同去的队友后来为他惋惜，因为 6500 米是登山的死亡线，他再稍稍坚持一下就好了。但是，这位无氧登山运动员却丝毫没有遗憾，因为他觉得 6400 米就是他登山的制高点。

的确是没有什么遗憾的，不去参照他人的制高点，坦然地达到自己的制高点就是领略自己人生风光的成功。适可而止是一种大智慧，人生有很多的风景，却不能"强己所难"地去获取，否则，过了这个度就与原本的意愿相违背了。

人要奋斗，要进步，但学会停止，这才是对生命的尊重和敬畏。能够明白在哪里是需要止步的，这才是更加重要而有意义的。不顾自己所能承受的能力而一味地勇往直前，超过这个极限可能就会适得其反。人的生命只有一次，请不要亵渎和虐待它。正确地估价自己的能力，适可而止，才能描绘出人生最美的图画。

做寻常人，养平常心

有个年轻人问一位山中智者："如何回避寒暑？"智者反问道："你为何不去无寒暑处？"年轻人又问："什么地方才是无寒暑处？"智者答道："寒冷时适应它，与之融合为一体，炎热时彻底与炎热浑然合一。这不就是无寒暑了吗？"年轻人恍然大悟，这就是常听到的"顺其自然"。

其实天气的寒暑易过，而人生旅途中却不知要过多少个寒暑，像我们事业、学业、生活、感情等方面的"寒暑"，是真正考验我们的。一生坦途，这只是人们的梦想，人往往不可能终其一生都是一马平川的。因此，认识生命，认识人生，"顺其自然"的对策才是明智之举。

时常保持旺盛的生命力与活力，成功时就分享成功的喜悦，失败时能认识失败，摒弃痛苦与绝望，成也是成，败也是败，做自己愿意做的事。洒脱、自在，无挂无碍、恬淡快乐，这才是我们应该追求的生活真谛。

让生命不能承受之重随风飘散

> 生活总是很公平地对待我们，你所应承受的痛苦与他人并无太多差别。如果你被生活压得喘不过气来，何不卸下生命中那些不能承受之重，何不放下让自己头晕眼花的重担，还自己一些轻松。

著名捷克作家米兰·昆德拉有一句名言："承受生命之重。"物质财富并不像很多人想象的那样重要。但我们常常为此压得喘不过气来，常常为了好房、名车、高收入、高开销等欲望折磨得疲惫不堪。从某种角度来讲，物质财富是一种很差的衡量快乐的标准。用金钱、精力和时间换取一种有目共睹的优越生活，或许并不快乐，因为这种外在的虚荣不会润泽你干枯的心灵，唯有快乐才能如此，才能使人真正地容光焕发。快乐幸福感会如雨露般滋润着我们的心。

当身居在压得喘不过气来的生活中，会觉得生活处处为难我们，会觉得很多事让我们措手不及，找不到通向轻松和快乐的通道。有资料表明，生活没有意义，极度空虚的人大多会以酒精、毒品麻醉自己，甚至有了自杀的倾向。当内心充满了紧张、压抑时，对未来也会充满忧虑和恐惧。会不自觉地担心有什么灾难会突然降临，总会抱着"月有阴晴圆缺，人有旦夕祸福"的念头。并不是你所遭遇的环境使你受到挫折，很多时候是我们自己的想

法使然。

一个青年对无际大师说："大师，我是那样地孤独、痛苦和寂寞，当下为了赶路，脚也破了，还流血不止，嗓子也哑了……为什么我会如此？心中没有阳光，没有温暖？"

大师带青年来到河边，他们坐船过了河。到了对岸后，大师说："你扛了船赶路吧！"青年很惊讶："我扛得动吗？"大师微微一笑，说："船在过河时，是有用的。而在我们赶路时，就会变成我们的包袱。人生充满着孤独、痛苦、眼泪、寂寞……都是有用的。但是，在没用时就会是我们的包袱，所以放下吧！生命不能太负重。"

人这一生能得到什么？生命并不能为负重所累，将注意力适当的调整，转移开令自己不愉快的事物，将自身的强烈痛苦化为永恒的美好。乐观的态度是嘈杂乱世中一处安静的避所，是孤独沙漠中的驼铃，教会我们在痛苦中也能享受生活。

人为什么要充满烦恼呢？何时让满是皱纹的心灵舒展？什么时候能让精神泥潭突围？烦恼与痛苦我们或许都会遇到，但有人可以坚强地走出来，有人则深陷其中而难以自拔。当烦恼与痛苦找上自己时，想想看，它终会过去，并非永恒，就会豁然开朗许多。人活着便注定奔波与劳碌，谁也跳不出而完全逍遥自在，但是，别让心太累。不能承受的负重会随风飘散，快乐也会因你而去。

哭笑都要过日子，就看你怎么选

人生之滋味，苦中求乐，乐不痴迷，乐不忘忧。什么滋味全为自己品，也全为自己知，也全在自己选，关键是用什么样的心态去面对人生，去体悟、感悟人生。

最简单的东西是最重要、最离不开的东西，而在物欲横流的社会中，人们又往往被物质和名利所蒙蔽。忽略了痛苦与欢乐，成功与失败是相辅相成、相伴相随。因此，当我们只看到痛苦、失败，人生就会灰暗许多；当我们多看到快乐、成功，就会赢取快乐的心境。

苦与乐就如一对孪生子，在生活中的每时每刻都存在，若以平衡的心态去对待，就会饶有兴致地品尝生活中的酸甜之果。这种吃果子的过程就是感受生活的过程。甜味不应过于长久，否则在顺境、安逸中，人们容易惰性丛生，不去拼搏劳作，空等年华流逝，一事无成。酸味也不易过长，否则就仅能感到生活的阴暗，郁郁而终。

人活一世，只不过是一朵素洁的浪花，或许我们会感到人生的漫长，其实不过是三天：昨天、今天、明天。昨天就是已逝的时光，今天就是当下，明天就是未来。心如止水，平和、平淡地去面对，生、老、病、死都是自然之事，像是四季的轮回般发生着，难以逃脱与抗拒。"你面对，所以你去拼搏；你拼搏，所以你能够面对。"乐是生活所追求的目标，乐是奋进的加油站，苦不一

定是负面的，正是在各种苦味的作用下，丰富了我们的人生。

派克街鱼市位于美国西雅图，这里因为精彩的销售方式吸引着众多顾客前来选购。当顾客告知前台售货员需求时，售货员会告诉后面的同伴，后者重复确认后，就会像投篮球一样将鱼扔向前台售货员，又快又美观，是一道知名的风景。

售鱼本是个烦琐、乏味的事，但若能想些主意，或许就能将沉闷、呆板变成妙趣横生的事，以此实现了苦与乐的转变。幸福和快乐是苦难的另一面，有"苦"就有"乐"，有"难"就有"福"。苦难升华的结晶就是幸福和快乐，正所谓"苦乐人生"。掌握苦与乐的根本和转化的契机，这是一种需要学习和体悟的智慧。

一些人欲望太多，贪得无厌，其实是以此苦代替彼苦，因为在满足自己的私欲，大肆挥霍时，已经为自己掘下一个更加苦难的深坑！

美国的"汽车之父"亨利·福特，在1913年时率先采用流水线组装汽车，对全世界的制造业产生了极大的影响。因为这样实现了在10秒内组装一部汽车的神话，而且民用汽车的价格也降低了一半。

然而，在早年间，福特的这种变个性的举动是遭到巨大阻力的。当时很多人觉得这样做风险很大，要投资购买机器，要重新培训工人，效益也不一定能够提高。于是，福特举起桌上盛有半杯水的玻璃杯问："你们看到了什么？"有人说杯子空了一半，有人说还有一半的水可以喝。虽然，都是表达出半杯水的事实，心态却完全不同。一种人看到的是杯子空的部分，一种人看到的是满的部分。

区别就在于此，一天只有24小时，开心还是郁闷地度过，权利在自己手中。做人要活得潇洒些，"祸福无门，唯人自招；善恶之报，如影随形。"生活会给予我们很多，也会剥夺我们不少，权衡利弊便是。保持乐观、平静、开朗的心态，要知道怨恨、伤心、忧愁、烦恼不是解决问题的办法。

　　禁得起环境考验的人，才会深刻地感受到逆境给他带来的宝贵机会。他们会坦然面对，他们会勇气百倍地承受，迎接挑战，用智慧转祸为福。以坦然态度处世，不迷惘、不矫揉，这是处世之道，也是正确的做法。

快乐其实很简单

**　　不抱怨付出，不计较得失，其实快乐很简单，快乐真的就在你身边！自己的快乐还如同种子，可以播种在他人的心田，这样你就可以得到加倍的丰收。**

　　"郁闷"这个词不知从什么时候成为了现代人的口头禅，我们在抱怨上司严，抱怨工作忙，抱怨收入少，抱怨生活累，抱怨自己付出的比别人多等的时候都会用到它。其实，少一些被"名利"蒙蔽，少一些斤斤计较，少一些欲望，我们或许就会得到更多的快乐。

　　生命的快乐在于心的感受，你找寻快乐，便会发现快乐。周围的事物就在那儿呈现着、发生着，只要你静静地感受，快乐就在你身边。感受尘世间的点点真情，点点快乐，一句话，一抹微笑，一声问候，一段文字，一个眼神，甚至一滴水，都有可能触碰到你的快乐情怀。

　　快乐是一种修行，相信快乐其实可以自己创造，特别是在苦恼的时候，不要让坏心情一点点地蚕食你。郁闷、烦心的时候，穿上运动服慢跑一下，

用运动舒缓一下心情；压力大时，愁眉苦脸是解决不了问题的，不如户外一下，让阳光、蓝天、白云、清新的空气一抹你烦闷的心情。快乐就在那一次慢跑中，快乐就是在那一次郊游中，快乐就是在那一段美妙的音乐中。

从前，一群年轻人到处寻找快乐，却因为在路途中屡遭不快与痛苦而准备放弃。正当他们一个个垂头丧气，心灰意冷，觉得这个世界并没有真正的快乐，无功而返的时候，看到了一个垂钓江边的渔翁。于是，其中一位年轻人看着这位悠闲而怡然自得的长者便问："老伯伯，您快乐吗？"老翁回答："远离喧嚣，垂钓碧江，我很快乐，我正在享受着我的人生！"几位年轻人听后，脸上疑云遍布。

"你们去拜访苏格拉底吧，他能给出你们答案。"老人说道。年轻人点点头。

几天后，他们找到了苏格拉底，问道："我们一路遇到了很多痛苦，但我们是为寻找快乐而来的。快乐到底在哪里？"苏格拉底说："你们先帮我造一条船。"

年轻人虽然不清楚这样做的目的，但还是答应了。他们各自商量好，锯倒了一棵大树，挖空树心，用造船的工具，花了七七四十九天，造出了一条独木船。虽然很累，但大家为自己的成果还是感到异常兴奋，并庆祝了一番，全然忘了寻找快乐的事。

第二天，他们请来了苏格拉底，苏格拉底也满意地点点头。于是大家将船推下水，并合力荡桨，唱起歌来。苏格拉底问道："孩子们，你们快乐吗？"年轻人异口同声地回答："快乐极了！""这不就是你们要的答案吗？"苏格拉底问道。

这群年轻人恍然大悟，苏格拉底接着说道："呵呵，其实快乐就在我们每个人的身边，不必刻意寻找。有目标，融入生活，做一件事情，并做好每一件事,就会与快乐不期而遇。"此时,他们再回想起垂钓老翁的话,真是有异曲同工之妙。

当你追求快乐时,很难找到,因为它并非祈求可得;当你关注生活本身时,踏踏实实地做事时,快乐却不期而至。

总觉得自己的生活充满不幸与悲伤,或许是你的选择有误。当你选择了乐观的心态,当你选择了积极的生活态度,快乐也就选择了你。懂得"珍惜、感恩、知足",你就拥有了生命的光彩。

率性而为,活出真我

> 一个人率性而为,就会发现、创造和享受自己的快乐,也可以感染周围的人,在使自己轻松愉悦的同时,也会让别人认可,使自己的人格魅力提升。享尽人生的年华同时,也实现了自己人生的真实价值。

追求所谓社会价值的实现,提倡按他人的标准生活,这是当下社会所塑造出来的一种人生价值观。成为其他人评价、态度和脸色的奴隶或木偶,放弃自己人性的快乐,这种被认可,更多的其实是被他人的行为所控制。

因为他人或社会的标准是千奇百怪的, 按照别人的标准生活的结果,只能是不断地无法"达标"。一个人是不可能满足周围所有人的要求,而在这个过程中你也失去了自我。

每个人都有自己的思想、观念、看法，完全没有必要受固定模式的控制。《中庸》里讲道"率性之谓道"，"天命之谓性"，指天所命于人之性，使人们在日常生活中就能够合乎自然的规范。人遵循天所赋予人的人性，就是人在现实的社会生活中应该选择的道路。

当一个人率性而为的时候，理解别人，尊重别人，不是简单地让别人按照自己认可的标准去做。正如太阳照亮了地球，并非太阳想要照亮地球。自然而然的事情，往往更容易为我们所认同，为我们所接受，因为并非出于刻意。

《易经》中讲得好："君子安其心而后动，易其心而后语，定其交而后求。"以宁静的心态面对纷呈的生活，就是一种率性的自守，就会以平常心对待不平常的事情，就会以平和的心境处理世态的炎凉，就会用宁静的心去对待嘈杂的外界。在欲壑难填、混沌纷扰的世界，能够"无欲自然心如水，有营何止事如毛"的心境是很难得的。

率性而为，保持一份清心寡欲的高洁。是充分利用时间去提高，去学习，去娱乐，去休息，而并非是自暴自弃。其实，是要人们懂得享乐现在，享受语言、文字、书画、音像等给予我们的各种快乐。面对过去，面对失败，不是放任自己的过失，这才是率性而为。就是要以自己最强的自信心迎接未来的挑战，而不为失败沉浸在自卑、痛苦之中。一味地向往美好未来，率性地迎接未来的各项准备。刻苦用功，不畏困难，不安于天命，这就是率性而为。无视那些挫折、困苦、失败，不肆意妄为，不懒惰无为，以自己最大的能力奋发，努力拼搏，冲着自己的理想而前进。

立身只管高洁,处世一定要低调

立身高洁,处世要低调,先做人,才能做好事。能够把事做得漂亮,而又为人低调,那才是又上了一个台阶。

格调、风骨、气度、品德,这些都是一个人的人格。在处理生活环境中的人与事时,都是有这些因素在起作用。一个人一辈子奋斗的目标应当是具有高尚人格,因为它是内在精神世界的外化,是一个人的立身之本。塑造高尚的人格,实际上就是在塑造自己的人生。因为有了高尚的人格,才会有远大的理想和目标。真、善、美会孕育出高尚的情操,一个人内心世界的情感倾向和恪守的行为方式,正是这情操。被享受欲、美色欲充斥的人,精神空虚的人,怎么会成为高尚的人?满脑袋低级趣味的人,没有高调做人的风格,如何培养高尚人格?不会在人际关系上左右逢源,也难得到他人的尊敬。

唐宪宗元和四年, 当时的京兆尹杨凭因为做江西观察使时有贪污行为,而为御史中丞李夷简弹劾。随即宪宗贬杨凭为临贺尉,在杨凭离京那天,平时有来往的亲戚朋友都不敢前来相送,而是躲避起来。当天,唯有据阳尉徐晦一人前来与之告别。好友太常卿权德舆对他说:"你就不怕因此会受牵连?虽然你这种举动很够朋友,很忠厚。"徐晦回答说:"当年我还是一个小老百姓时,就受到杨公的提点和鼓励,如今他被贬官,我岂有不送之理?若是有一天你也被贬,你我难道也要形同陌路吗?"权德舆听后十分慨

叹。后来,此事被李夷简听到了,当时正好监察御史缺位,就将徐晦提调为监察御史。徐晦答谢李夷简说:"你我素未相识,您是从哪里知道的我呢?"李夷简说:"你连杨凭都不会辜负,难道会辜负国家吗?"

危难之处见真情,在非常时期,往往最能体现出一个人的品德。李夷简也正是因为欣赏徐晦的高尚品性,欣赏他的有情有义才会起用他的。

立身高洁、低调处世进可攻、退可守,看似平淡,实则是低调者的深谋远虑。时机未成熟时,要坚持,要成就大业,就得分清大小远近,轻重缓急,就得懂得取舍,就得在必要时忍痛割爱,从长计议,才能创建大业。

当自己处于不利地位,低调往往会创造出峰回路转的机会。待人处世中,先退让一步,避其锋芒,才会另辟蹊径,脱离困境,重新占据主动。对于掌声、鲜花、称赞、表扬,应当正确看待,要谦和有礼,不要被恭维、虚荣而蒙蔽、麻痹了自己,要有君子风度。